QUAN LING ZHI DAO

圈·领之道

——钢领钢丝圈的技术分析、发展与使用

秋黎凤　王可平　赵仁兵　唐文辉　编著

西北工業大學出版社

西　安

【内容简介】 本书在介绍钢领、钢丝圈的演变过程，环锭纺加捻卷绕基本理论及钢领、钢丝圈与细线断头关系的基础上，从制造实例出发，详细阐述钢领、钢丝圈的分类、材质、制造工艺及两者的配套原则。根据集聚纺特点，提出钢领、钢丝圈研发方向和工艺瓶颈。最后，客观分析国内钢领、钢丝圈与国际同类产品之间的差距及未来的发展趋势。

本书可作为纺织研究和高等纺织教学、纺织相关企业技术人员的参考书。

图书在版编目(CIP)数据

圈·领之道：钢领钢丝圈的技术分析、发展与使用/秋黎凤等编著．—西安：西北工业大学出版社，2017.10

ISBN 978-7-5612-5709-8

Ⅰ.①圈… Ⅱ.①秋… Ⅲ.①钢领②钢丝圈 Ⅳ.①TS103.81

中国版本图书馆 CIP 数据核字(2017)第 268663 号

策划编辑：卞　浩

责任编辑：孙　倩

出版发行：西北工业大学出版社

通信地址：西安市友谊西路 127 号　　邮编：710072

电　　话：(029)88493844　88491757

网　　址：www.nwpup.com

印 刷 者：陕西金德佳印务有限公司

开　　本：727 mm×960 mm　1/16

印　　张：5.75

字　　数：85 千字

版　　次：2017 年 10 月第 1 版　　2017 年 10 月第 1 次印刷

定　　价：38.00 元

《圆·钢之道》是专业领域的一本好书，是我国冶金行业第一本关于钢铁、钢之圆的专著，是冶金大专院校莘莘学子的教科书，是广大冶金技术人员的工具书，是冶金科研院所工作者的参考书，值得品读。

高勇

2017.7.28

序

环锭纺纱工艺发展至今已经有 180 多年的历史。期间，各种新型纺织技术层出不穷，但环锭细纱机以其价格低、质量好、适纺范围广等优点仍在世界纺纱技术领域占有主导地位，并将在今后相当长的时间继续发挥重要作用，与转杯纺、喷气涡流纺、摩擦纺和静电纺等新技术一起织造我国的纺织蓝图。

钢领、钢丝圈是环锭纺纱机的关键器材，与锭子共同完成对纱线的加捻和卷绕，其质量优劣及配套合理与否直接关系到纺纱质量和生产效率，如何提升钢领、钢丝圈品质，实现更高、更优、更快发展，成为环锭细纱机发展的重要一环——在本书中可以找到有益借鉴。

本书分为 9 章，全面介绍钢领、钢丝圈的演变过程，从加捻和卷绕基础理论出发，分析纱条捻度、纱条张力、气圈基础理论和细纱断头等因素对钢领、钢丝圈的要求，以及钢领、钢丝圈与各种纱线断头之间的关系。从钢领材质、制造工艺阐述了钢领的制造要点，又对钢丝圈材质和热处理技术作了详尽的介绍和分类。从我国钢丝圈、钢领产品研发中心——重庆金猫纺织器材有限公司的生产实例出发，探讨钢领、钢丝圈配套等相关问题。根据集聚纺的特点，提出钢领、钢丝圈研发的方向和存在的工艺瓶颈。最后，客观分析国内钢领、钢丝圈与国际同类产品之间的差距及未来的发展趋势。

可以看出，作者对钢领、钢丝圈之“道”，进行了辩证的思考，从原理上、实践中探索这对摩擦副，有历史沿袭，也有革新改造，更有创新突破，针对性很强。

本书作者所属的三个单位，充分体现了产、学、研、用相结合的思想。

东华大学是我国纺织界的最高学府，是学术的殿堂，为我国纺织界培养了一大批纺织科技人才。

全国纺织器材科技信息中心设立在陕西纺织器材研究所，出版的《纺织器材》期刊是该行业中唯一一本综合性科技期刊，自 1974 年创刊以来，坚持服务纺织、服务纺织器材专件的宗旨，传播技术、推广信息、交流学术、推介新品等，是一个不可多得的学术平台。

重庆金猫纺织器材有限公司近 60 年如一日，专注钢领、钢丝圈的研发与制造，公司所用各种原材料、制造设备与检测仪器，或引进吸收，或自主研发，无不走在行业前沿，取得了引人注目的成绩。

近年来，传统纺织器材和专件已获得重大创新和突破，新型纺纱技术产生了一系列新器材、新专件，有的在外形设计上有创新，有的应用新材料。无论如何，创新驱动、绿色发展、五化融合的大趋势是不会变的。

本书文字简明朴实，内容丰富全面，是纺织研究和高等纺织教学、纺织相关企业技术人员很好的参考书，值得一读。

姚　穆

2017 年 7 月

目　　录

第一章

钢领钢丝圈的发展和研究概况

第一节　钢领钢丝圈的演变

1828年由美国工程人员约翰·索普(John Thorp,1784—1848年)发明环锭纺纱机,最初是钢领回转、导纱钩固定,不久后改为钢领固定、导纱钩装在转杯上回转,再逐步改用金属小圈取代导纱钩、转杯,安装在钢领上回转,这个金属小圈即为原始的钢丝圈。因为是手工制作,加之钢领制作也粗糙,所以配合状态不佳。1830年以后,开始出现机械制作的钢领、钢丝圈,质量有较大提高。在随后相当长一段时间内,钢丝圈运转线速度为15 m/s～25 m/s。第二次世界大战后,即20世纪40年代末,纺织行业成为朝阳产业,钢领、钢丝圈的制造精度和几何形状都有明显进步,并开始划分型号与系列,钢丝圈运转线速度达20 m/s～30 m/s。由于奉行“大卷装、低速度”工艺路线,在漫长时间内,钢丝圈线速度局限在约30 m/s。直到20世纪90年代末,欧州技术先进国家,在实现环锭细纱机、自动络筒机现代化后,转变以往“大卷装、低速度”工艺路线,实行“小卷装、高速度”工艺路线;随着高速锭子,高速钢领、钢丝圈的研制成功,环锭细纱机的锭子最高转速从以往不高于12.5 kr/min提高到20.0 kr/min以上,钢丝圈的线速度也由以往约30 m/s提高到40 m/s以上。环锭细纱机高速化,带来了高产量,取得较大的经济效益。

新中国成立初期,纺纱设备均为进口老设备,钢丝圈线速度约为22 m/s。随着国民经济发展和技术革新,钢丝圈线速度有所提高,特别是自主研发成功抗楔钢领、钢丝圈,将其运转速度提到新高度。20世纪60年代中期,在“小卷装、高速度”工艺路线原则下,锭子转速曾达到19 kr/min,钢丝圈的线速度高达38 m/s～40 m/s,处于当时世界先进水平,但细纱断头率较高。上海地区棉纺单产水平演变过程见表1.1。

表 1.1　上海地区棉纺单产水平演变过程

生产年代	单产/[kg·(千锭·h)$^{-1}$]	钢丝圈线速度/[m·s^{-1}]	锭子转速/[kr·min^{-1}]
1949 年	18～20		
1958 年	28～30		
1962 年	30～32	32	12.0～14.0
1966 年	36～38	36	14.0～16.0
1970 年	41～43	38	15.5～17.5
1980 年	43～45	40	17.0～19.5

20 世纪 80 年代，为了降低细纱断头率，采取“中速度、中卷装”技术路线，锭子转速降为 13.5 kr/min～15.0 kr/min。21 世纪初开始，为赶超国际先进水平，又逐步向高速化发展。在生产正常情况下，细纱机锭速达到 18.0 kr/min～20.0 kr/min，比锭速在 15.0 kr/min 中速时，纺纱效率提高了 20%～33%。

第二节　钢领钢丝圈的作用

在环锭细纱机上，钢领、钢丝圈配套与锭子共同完成纱条的加捻、卷绕和控制纱条张力的任务。如图 1.1 所示，前罗拉输出纱条向下流动，经导纱钩、钢丝圈卷绕到纱管上，纱管套在锭子上，锭子带着纱管高速回转，卷绕段纱条带动钢丝圈在钢领上高速回转。钢丝圈回转一圈，纱条上加一个捻回，捻回由钢丝圈处向上流动，经气圈、导纱钩向前罗拉钳口传送；钢丝圈比锭子回转速度慢几圈，纱条就在纱管上绕几圈，这就完成了纱条的加捻、卷绕作用。

在环锭细纱机加捻卷绕过程中，纱条要拖动钢丝圈高速运转，就必须克服钢丝圈与钢领之间很大的摩擦力，还要克服其与导纱钩、钢丝圈处的摩擦阻力，克服气圈在高速回转时的空气阻力等，这都使纱条承受了相当大的张力。适当的纱条张力是稳定气圈，保证加捻、卷绕正常进行的必要条件，过大的张力不仅会增大锭子功率消耗，更严重的是会增加断头；但纱条张力也不能过小，以免降低卷装密度，从而降低卷装容量及细纱强力而影响正常络纱；张力过小，还会使气圈膨大导致气圈不稳定，以至增加细纱断头。所以，纱条张力应大小适当，并与纱条强力相适应，以达到既提高卷装质量、又降低细纱断头的目的。在环锭细纱机上，适当的纱条张力由钢丝圈、钢领的正确配套选择决定。

钢丝圈在纱线的拖动下在钢领上高速滑动时，还将与纱线表面接触，从而将直接影响纱线的条干、棉结、毛羽等质量指标。

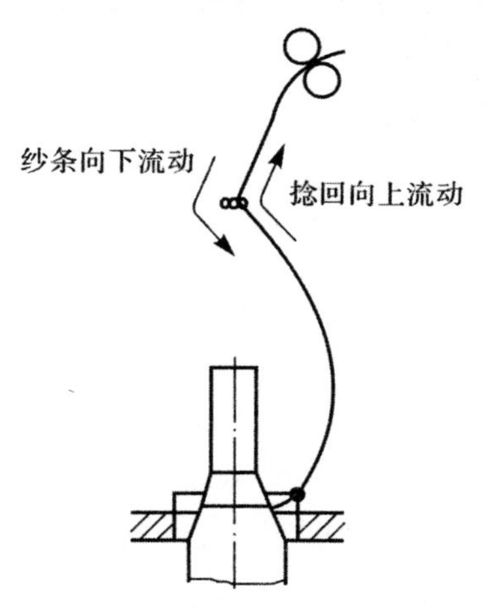

图 1.1　纱条的加捻卷绕过程

第二章

环锭纺加捻卷绕的基础理论

在环锭细纱机上，须条自前罗拉输出卷绕至纱管上，纱条的加捻卷绕过程可分为前罗拉钳口和导纱钩间的纺纱段、导纱钩与钢丝圈间的气圈段和钢丝圈与纱管间的卷绕段。

管纱成型属圆锥形卷绕，它要求纺纱时钢领板、导纱钩支承板均连续升降，相应气圈高度、管纱卷绕直径都连续变化，造成气圈形态、纱条张力和纱条捻度传递随之连续变化；所以，气圈形态、纱条张力和纱条捻度的理论与分析是细纱机高速化生产的基础理论，对正确选择和制定环锭细纱机的高速器材、卷装尺寸、钢领板和导纱钩支承板的升降动程、断面尺寸等有实际意义，以确保纺纱卷绕过程中气圈形态稳定、纱条张力变化平稳、捻度传递顺利，使细纱工序成为高产优质、断头率低、毛羽少的高效工序。

第一节　纱条捻度

纱条在加捻卷绕过程中的动态强力，在很大程度上取决于纱条上的动态捻度，捻度大，强力高；反之，捻度小，强力低。由于纺纱段、气圈段和卷绕段动态捻度不同，致使三者的动态强力亦不同。生产实践表明，细纱断头主要发生在前罗拉钳口弱捻区处，可见低效率的捻回传递常是引起细纱断头的主要原因之一，因此，研究纱条卷绕过程中动态捻回的传递规律和分布，努力改善捻回的传递效果，增加弱捻区的动态捻度，这对于提高纺纱段动态强力和降低细纱断头都具有重要意义。

一、加捻卷绕过程中纱条捻度的传递和分布

纱条上的捻回来自钢丝圈的回转，在导纱钩处，纱条的运动方向与捻回传递方向相反，纱条与导纱钩的摩擦阻止了部分捻回的通过，降低了捻回向纺纱

段传递的效率，见图 1.1。阻捻及捻陷的作用，致使气圈段捻回积聚，使气圈段纱条捻回最多，平均捻度 t_B 一般比管纱平均捻度 t_W 约多 15%；纺纱段纱条捻回最少，平均捻度 t_S 比管纱平均捻度 t_W 少 5% ~ 10%；前罗拉钳口加捻三角区平均捻度 t_{FR} 更少，几乎无捻回，故俗称弱捻三角区。所以，在加捻卷绕过程中各段纱条上的动态捻度分布规律为 $t_B > t_W > t_S >> t_{FR} \to 0$。

图 2.1 所示为从前罗拉钳口到管纱的动态捻度分布实验曲线。

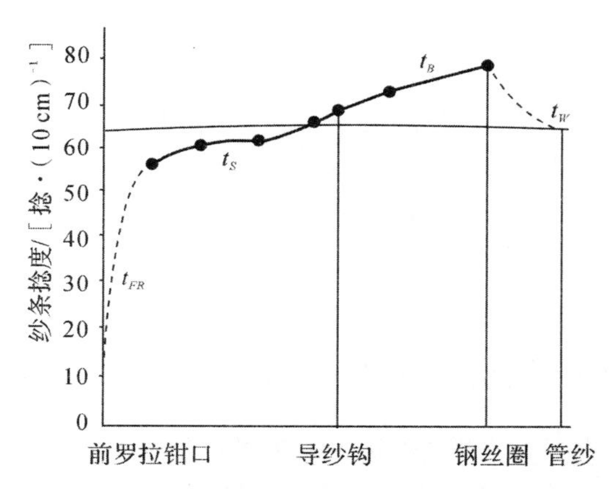

图 2.1　加捻卷绕过程中纱条上动态捻度分布

在加捻卷绕过程中，纱条上的这种动态捻度分布规律，决定了纱条动态平均强力相应分布是气圈段纱条动态平均强力 $P_B > P_W > P_S$，它们分别代表气圈段、卷绕段、纺纱段纱条动态平均强力，纱条动态强力最薄弱的环节是在前罗拉钳口的弱捻三角区上。

二、纺纱段纱条捻回分布的一般规律

对一落纱纺纱段的捻度进行测定，结果如图 2.2 所示。

由图 2.2 可知：

(1) 一落纱中，卷绕直径变化和大、中、小纱对纺纱段的捻度都有显著影响，相比卷绕直径影响更大；

(2) 钢领板短动程顶部的捻回数总是大于底部；

(3) 在一落纱中，小纱卷绕大直径位置，纺纱段捻度最小，比管纱平均捻度要小约 22%，致使纺纱强力明显降低，纺纱段断头明显增加。

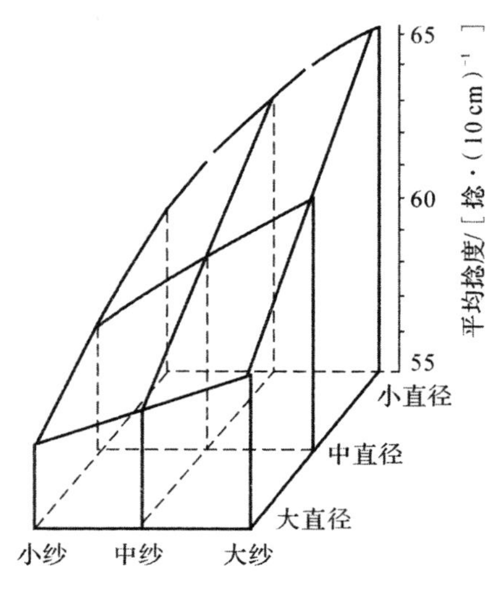

图 2.2　一落纱中纺纱段的捻度变化

三、纺纱段纱条捻度与卷绕工艺的关系

卷绕工艺参数对纺纱段纱条动态捻度的影响见表 2.1。

表 2.1　卷绕工艺参数对纺纱段纱条动态捻度的影响

卷绕工艺参数及变化		纺纱段纱条捻度的变化
纱号变细		增　加
钢丝圈加重		增　加
锭子转速增大	钢领板短动程顶部	变化不大
	钢领板短动程底部	减　少

第二节　纱条张力

一、纱条张力分布

在环锭细纱机对纱条的加捻卷绕过程中，按纱条部位不同，分别相应称为纺纱段的纺纱张力 T_S、气圈段顶端纱条张力 T_0、气圈段底端纱条张力 T_R 和卷绕段的卷绕张力 T_W，卷绕过程中纱条张力分布如图 2.3 所示。

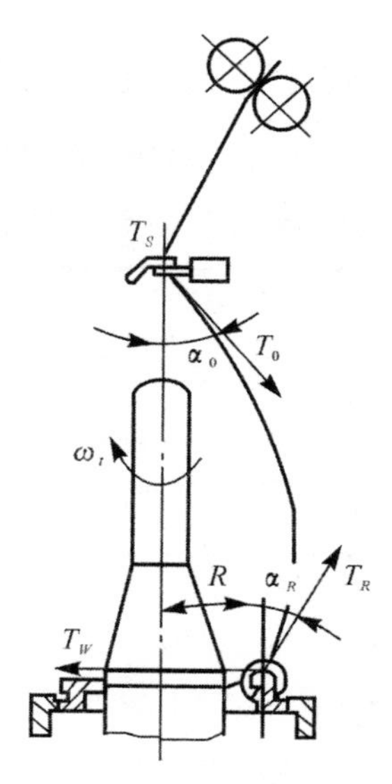

图 2.3 卷绕过程中纱条张力分布

R —钢领半径；ω_t —气圈回转角速度；α —角度

1. 气圈张力

气圈底端纱条张力 T_R 和气圈顶端纱条张力 T_0 的数值关系表达式为

$$T_R = T_0 - mR^2\omega_t^2/2 \tag{2.1}$$

式中：

T_R —— 气圈底端纱条张力；

T_0 —— 气圈顶端纱条张力；

m —— 气圈纱条的线密度；

R —— 钢领半径；

ω_t —— 气圈回转角速度(一般可用锭子回转角速度近似表达)。

2. 卷绕张力

气圈底端张力 T_R 是由卷绕张力 T_W 克服纱条与钢丝圈的摩擦阻力后向上传递到气圈底端的，两者的关系一般表示为

$$T_W = KT_R \tag{2.2}$$

式中：

T_W —— 卷绕张力；

K —— 张力比；

T_R —— 气圈底端张力。

一般情况下，K 随钢丝圈线材的截面形状而变，其实验数据见表 2.2。

表 2.2　钢丝圈线材不同截面形状的张力比

钢丝圈线材 /mm	圆形 $\phi 1$	矩形（2.0×0.39）	弓形（1.9×0.45）
截面形状			
张力比 K	1.5	2.0	1.9

$$K = e^{\mu_R \theta_R} \tag{2.3}$$

式中：

μ_R —— 纱条与钢丝圈的摩擦因数；

θ_R —— 纱条与钢丝圈的包围角。

根据资料介绍，棉纱条与钢丝圈的摩擦因数 μ_R 随钢丝圈线材的截面形状而变，实验数据见表 2.3。

表 2.3　纱条与钢丝圈的摩擦系数 μ_R 与钢丝圈线材截面形状关系

截面名称	符 号	形　状	宽厚比	摩擦因数
圆形	r		1∶1	0.27
矩形	f		3∶1	0.31
弓形	g		4∶1	0.34

由表 2.3 可知钢丝圈线材与摩擦因数有以下关系。

（1）钢丝圈线材不同截面形状有不同的摩擦因数 μ_R 值，即使是同类的线材截面形状，因尺寸比不同，μ_R 值也不同；

（2）圆形截面线材钢丝圈的摩擦因数 μ_R 值最小，宽厚比越大的 μ_R 值越大；

(3) 钢丝圈经常采用瓦楞形截面和弓形截面,其宽厚比不同,则摩擦因数 μ_R 值也不同。

纱条与钢丝圈的摩擦因数 μ_R 值也随纱条内纤维材料种类而别,各种纤维材料的纱条与钢的摩擦因数见表 2.4。

表 2.4 各种纤维材料的纱条与钢的摩擦因数

品 种	棉 纱	亚麻纱	粘纤纱	有光醋纤纱	锦纶纱
摩擦因数 μ_R	0.29	0.27	0.39	0.30	0.32

3. 纺纱张力

气圈顶端纱条张力 T_0 克服导纱钩的摩擦阻力后,向上传递至纺纱段形成纺纱张力 T_S。因为导纱钩一般为圆形截面,所以可以用欧拉公式近似表示 T_S 与 T_0 关系,即

$$T_0 = T_S e^{\mu\theta} \quad 或 \quad T_S = T_0 e^{-\mu\theta} \tag{2.4}$$

式中:

μ_0—— 纱条与导纱钩的摩擦因数;

θ_0—— 纱条与导纱钩的包围角。

综合以上各式,可得卷绕过程中纱条张力分布的一般规律为

$$T_W > T_0 > T_R > T_S$$

图 2.4 所示为一落纱中管纱成形不同位置上纱条张力分布示例。图中横坐标上奇数表示钢领板短动程的底部位置,偶数表示钢领板短动程顶部位置。

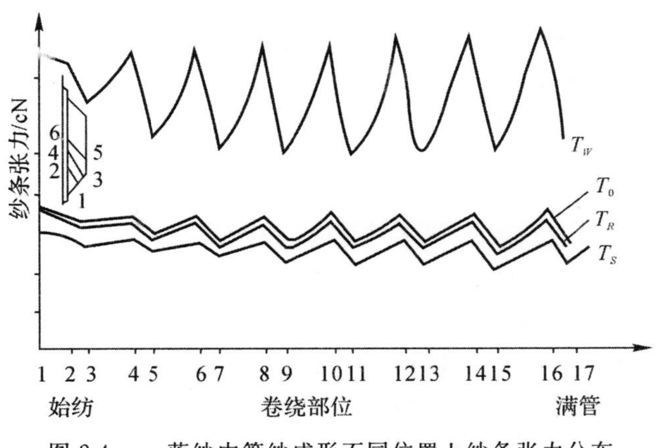

图 2.4 一落纱中管纱成形不同位置上纱条张力分布

二、气圈底端张力与卷绕工艺的关系

1. 气圈底端张力 T_R 表达式

$$T_R = \frac{C_t}{K\left(\cos\gamma_x + \frac{1}{f}\sin\gamma_x \sin\theta\right) - \cos\alpha_2} =$$

$$\frac{11.2G_t R n_s^2}{K\left[\sqrt{1-\left(\frac{r_x}{R}\right)^2} + \frac{1}{f}\frac{r_x}{R}\sin\theta\right] - \sin\alpha_R} \tag{2.5}$$

当气圈为瘦长形，气圈底角 α_R 趋近于 0 时，则式(2.5) 可进一步简化为

$$T_R = \frac{C_t}{K\left(\cos\gamma_x + \frac{1}{f}\sin\gamma_x \sin\theta\right)} \tag{2.6}$$

式中：

C_t—— 钢丝圈离心力；

G_t—— 钢丝圈质量 /mg；

n_s—— 锭子转速 /(kr · min^{-1})；

R —— 钢领半径 /cm；

f —— 钢领与钢丝圈间的摩擦因数；

γ_x—— 纱条卷绕角；

r_x—— 管纱卷绕半径 /cm；

θ —— 钢领对钢丝圈反作用力 N 的方向角；

α_R—— 气圈底角；

K —— 张力比，$K = T_W / T_R$。

2. 纱条张力与卷绕工艺的关系

(1) 气圈底端张力 T_R 与锭子转速 n_s 的关系。

因为 T_R 正比于ω_t^2(即 n_t^2)，而钢丝圈线速 n_t 又近似于锭子转速 n_s，所以气圈底端张力 T_R 与锭子转速 n_s^2 成正比。

(2) 气圈底端张力 T_R 与钢丝圈质量 G_t 的关系。

气圈底端张力 T_R 与钢丝圈质量G_t 成正比，这是由于钢丝圈的惯性离心力 C_t 与其重力 G_t 成正比，所以，生产中可以通过改变钢丝圈号数(质量) 的方法

来调节气圈张力及其形态。

(3) 气圈底端张力 T_R 与钢领半径 R（直径 D_R）的关系。

气圈底端张力 T_R 与钢领半径 R(直径 D_R) 成正比,这是由于钢丝圈的惯性离心力 C_t 与钢领半径 R(直径 D_R) 成正比,因此,缩小钢领直径会减小纱条张力。

三、纺纱张力变化曲线

由式(2.1)、式(2.4)、式(2.5) 可得:

$$T_S=(T_R+\frac{1}{2}mR^2\omega_t^2)e^{-\mu_0\theta_0}=T_Re^{-\mu_0\theta_0}+\frac{1}{2}mR^2\omega_t^2e^{-\mu_0\theta_0}=$$

$$C_te^{-\mu_0\theta_0}\left\{e^{\mu_R(\pi-\sin^{-1}\frac{r_x}{R})}\left[\sqrt{1-\left(\frac{r_x}{R}\right)^2}+\sqrt{\left(\frac{r_x}{fR}\right)^2-\left[\frac{\cos\alpha_R}{e^{\mu_R(\pi-\sin^{-1}\frac{r_x}{R})}}\right]^2}\right]-\sin\alpha_R\right\}+$$

$$\frac{1}{2}mR^2\omega_t^2e^{-\mu_0\theta_0} \tag{2.7}$$

式中:

T_S —— 纺纱张力;

T_R —— 气圈底端张力;

m —— 纱条线密度;

R —— 钢领半径;

ω_t —— 气圈回转角速度;

μ_0 —— 纱条与导纱钩摩擦因数;

θ_0 —— 纱条与导纱钩的包围角;

C_t —— 钢丝圈离心力。

由式(2.7) 可知,纺纱张力 T_S 是钢丝圈离心力 C_t(即钢丝圈质量 G_t、钢领半径 R、锭子转速 n_s) 钢领与钢丝圈的摩擦因数 f、纱条与钢丝圈的摩擦因数 μ_R、纱条与导纱钩的摩擦因数 μ_0、纱条线密度 m、管纱卷绕比 r_x/R、纱条与导纱钩的包围角 θ_0 以及气圈底角 α_R 的函数。纺纱张力与卷绕工艺的关系见表 2.5。

表 2.5 纺纱张力与卷绕工艺的关系

纺纱张力	纱条线密度	锭子转速	钢丝圈质量	钢领半径	卷绕半径	钢领与钢丝圈摩擦因数
增大	粗	增高	增大	增大	减小	大
减小	细	降低	减小	减小	增大	小

在特定工艺条件下（C_t，R，n_s，m 和 μ_0 均不变），纺纱张力 T_S 的变化主要是由卷绕半径 r_x、纱条与导纱钩的包围角 θ_0 和钢领与钢丝圈的摩擦因数 f 等三者的变动所引起的。

为了便于分析，在分析纺纱张力 T_S 变化曲线时，把由于管纱卷绕直径 d_x 随钢领板短动程升降引起的周期性变化（在实际测定纺纱张力 T_S 变化曲线时，也包括了钢领板短动程升降所引起的气圈高度变化）而产生的 T_S 变化，称为纺纱张力的波动，用 ΔT_S 表示；把由于纱条与导纱钩的包围角 θ_0 随钢丝圈高速回转引起的周期性变化而产生的 T_S 变化，称为纺纱张力的脉动，用 δT_S 表示；把由于钢领与钢丝圈的摩擦因数 f 值的突变等所引起的张力峰值称为突变张力，用 T_{SP} 表示。图 2.5 所示为钢领板一次短动程升降过程中，未出现突变张力时的纺纱张力 T_S 变化曲线示例。

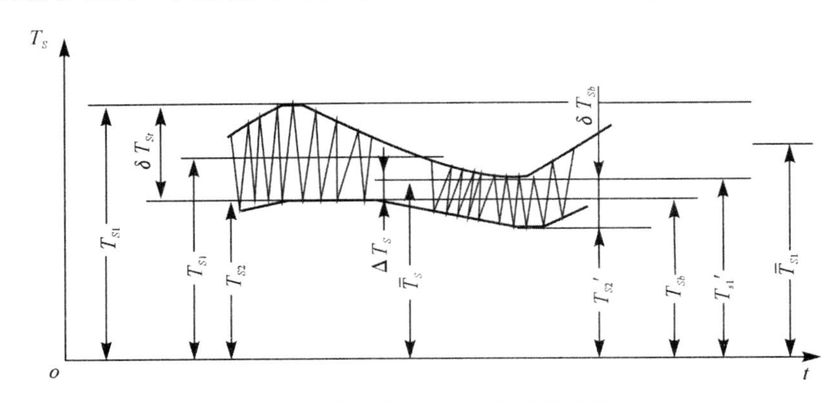

图 2.5　纺纱张力 T_S 变化曲线示例

图 2.5 中各符号代表的意义：

T_{S1}—— 在钢领板短动程顶端（卷绕小直径 d_0），气圈处于机台的正前时纺纱张力的峰值；

T_{S2}—— 在钢领板短动程顶端（卷绕小直径 d_0），气圈处于机台的正后时纺纱张力的谷值；

T_{S1}'—— 在钢领板短动程底端（卷绕大直径 d_m），气圈处于机台的正前时纺纱张力的峰值；

T_{S2}'—— 在钢领板短动程底端（卷绕大直径 d_m），气圈处于机台的正前时纺纱张力的谷值；

T_{St}—— 在钢领板短动程顶端（卷绕小直径 d_0）纺纱张力的平均值；

T_{Sb}—— 在钢领板短动程底端（卷绕大直径 d_m）纺纱张力的平均值；

$\overline{T}_S$—— 钢领板短动程中纺纱张力的平均值，一般用钢领板短动程顶端（卷绕小直径 d_0）处纺纱张力和底端（卷绕大直径 d_m）处纺纱张力的均值近似表示。

它们有以下关系式：

$$T_{St}=\frac{T_{S1}+T_{S2}}{2};\quad T_{Sb}=\frac{T_{S1}'+T_{S2}'}{2};$$

$$T_S=\frac{T_{St}+T_{Sb}}{2};\quad \Delta T_S=T_{St}-T_{Sb};$$

$$\delta T_{St}=T_{S1}-T_{S2};\quad \delta T_{Sb}=T_{S1}-T_{S2}'$$

由以上分析可知，纺纱张力随钢领板短动程升降引起周期性变化的张力波动、随钢丝圈高速回转引起的短周期性变化的张力脉动，和由钢领与钢丝圈的摩擦因数 f 值的突变引起的瞬时突变张力（张力峰值），还有在落纱过程中随气圈高度与气圈形态变化引起的长阶段中的变化；因此，纺纱张力不是一个恒值，而是一个不断波动的变量。

一落纱全过程中纺纱张力峰值变化曲线测定示例如图 2.6 所示。

由图 2.6 可知纺纱张力变化如下：

（1）在一落纱全过程中，钢领板短动程顶端（卷绕小直径 d_0）位置时纺纱张力的峰值 T_{S1}，从始纺起随着管纱成形的增大逐渐减小，这是由于在相同的管纱卷绕小直径下，气圈高度逐渐缩短的缘故；但在大纱阶段，纺纱张力的峰值 T_{S1}' 随着气圈高度逐渐缩短反而上升，这是由于大纱阶段管纱卷绕小直径时，气圈高度缩短至气圈形态过于平直、缺乏弹性调节能力的缘故。

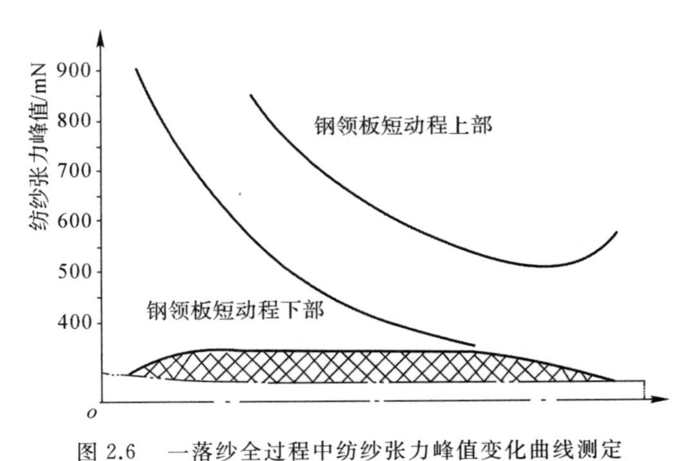

图 2.6　一落纱全过程中纺纱张力峰值变化曲线测定

（2）在一落纱全过程中，钢领板短动程底端位置时纺纱张力的峰值 T_{S1}'，从空管始纺到管纱纺满为止过程中始终是下降的。小纱期 T_{S1}' 下降快，随着管纱成形的增大，下降速率逐渐减小。在管底成形过程中，T_{S1}' 下降速率快的原因是气圈高度缩短和卷绕直径增大双重因素的影响，管底成形完成后，只有气圈高度缩短使纺纱张力降低。

（3）一落纱中纺纱张力的最大值一般发生在空管始纺、钢领板处于短动程底端位置时刻，因为这个位置气圈高度最大、管纱卷绕直径小。为了减小空管始纺时的张力，常将空管底部直径放大，以增大卷绕角、减小卷绕张力。

（4）一落纱中纺纱张力的最小值一般发生在满纱卷绕大直径位置，因为气圈高度短和卷绕直径大双重因素；气圈形态正常、弹性调节能力强。

总之，小纱期气圈长、凸形大、张力大；中纱期气圈长度适中、气圈凸形正常、张力平稳而偏小；大纱期气圈偏短、气圈凸形小或无凸形而平直、张力值趋向增大。这种张力变化规律，结合一落纱全过程中捻回传递效率，决定了小纱期断头多、中纱断头少、大纱断头又增多的一般规律，大纱断头主要发生在管纱卷绕小直径处。

第三节　气圈基础理论

一、平面气圈方程

平面气圈方程为

$$y=\frac{R}{\sin aH}\sin ax \tag{2.8}$$

式中：

y —— 气圈半径；

R —— 钢领半径；

H —— 气圈高度；

a —— 离心力系数。

离心力系数 a 表达式为

$$a=\sqrt{\frac{w}{g}\ \frac{\omega_t^2}{T_x}}=\sqrt{\frac{m\omega_t^2}{T_x}} \tag{2.9}$$

式中：

w —— 纱条定量；

m —— 纱条的线密度；

ω_t —— 气圈回转角速度；

T_x—— 气圈张力垂直分量。

由式(2.8)和式(2.9)可知，气圈近似于一条平面正弦曲线，如果考虑空气阻力和惯性哥氏力的影响，则气圈是一条偏离坐标平面的外凸后仰空间曲线。

由气圈的近似方程式(2.8)知，气圈上各位置的半径 y 与 x 的关系(即气圈形状)取决于钢领半径 R、气圈高度 H 和离心力系数 a，a 又取决于气圈张力垂直分量 T_x、纱条的线密度 m(正比于纱条号数 N_t)和回转角速度 ω_t(正比于锭速 n_s)。所以，T_x，R，H，m 和 ω_t 是直接决定气圈形状的基本参数。在确定的生产工艺下(R，n_s，N_t 不变)，气圈形状取决于气圈张力垂直分量 T_x，气圈高度 H。如果观察同一机台相邻锭子间气圈形状的差异，由于气圈高度 H 相同，因而气圈形状的差异应归结于气圈张力垂直分量 T_x 的差异。气圈凸形大，张力 T_x 就小；反之，气圈凸形小，张力 T_x 就大。

气圈曲线之所以成为凸形，是由于气圈纱条本身的惯性离心力，随着钢领板的逐层级升与短动程的升降运动，气圈高度随之变化影响气圈惯性离心力大小变化，从而会引起气圈凸形的变化，故小纱时气圈凸形大，中纱时气圈凸形小，大纱时气圈无凸形。小纱管底成形、卷绕大直径时，气圈长，张力相对小些，凸形最大；所以，一定的气圈形态，反映一定的气圈张力。气圈形态实质上是纱条所受作用力动态平衡的反映。气圈形态及其变化也就反映气圈张力大小及其变化，气圈形态是气圈张力的表现。

二、气圈的形态特征

1. 气圈波长 λ

$$\lambda=\frac{2\pi}{a}=\frac{2\pi}{\omega_t}\sqrt{\frac{T_x g}{\omega_t}} \tag{2.10}$$

式中：

λ —— 气圈波长；

a —— 离心力系数；

ω_t—— 气圈回转角速度；

T_x—— 气圈张力垂直分量。

由式(2.10)可知，气圈波长 λ 与离心力系数 a 成反比，它是锭速 n_s、纱条的

定量 w 和气圈张力垂直分量 T_x 的函数。再结合式(2.5)分析，气圈波长 λ 是钢丝圈质量 G_t、钢领半径 R、管纱卷绕直径 d_x 与钢领直径 D_R 的比值 d_x/D_R、纱条的定量 w 以及钢领与钢丝圈之间的摩擦因数 f 等的函数。增大钢丝圈质量 G_t、钢领直径 D_R 与钢丝圈摩擦因数 f，气圈波长 λ 增长；减小纱条的定量 w 和比值 d_x/D_R，气圈波长 λ 也增长，反之亦然。

2. 气圈振程 y_m

气圈振程的大小能形象地反映出气圈的形态(凸形)。根据式(2.8)气圈方程，振程 y_m 为

$$y_m = \frac{R}{\sin \frac{2\pi}{\lambda}H} = \frac{R}{\sin\left(\frac{H}{\lambda/2}\right)\pi} \tag{2.11}$$

式中：

y_m —— 气圈振程；

R —— 钢领半径；

H —— 气圈高度。

在正常的单气圈纺纱过程中，一落纱的大部分时间为 $\lambda/2 > H$，气圈的振程 y_m 随气圈高度 H 的缩小而缩小，并以钢领半径 R 为极限。只有大纱小直径时，才有可能处于 $H \leqslant \lambda/4$，此时钢领板在气圈波形的 $\lambda/4$ 之上。最大气圈半径 y_m 已不存在，气圈半径的最大值就是钢领半径 R。

三、气圈形态与卷绕工艺的关系

气圈形态与卷绕工艺关系概括见表 2.6。

表 2.6　气圈形态与卷绕工艺关系

卷绕工艺及其变化	锭速变化	钢丝圈质量变大	钢领直径变大	气圈高度变大	管纱卷绕直径变大	钢领、钢丝圈间摩擦因数变大	钢领、钢丝圈走熟期内
气圈形态	基本不变	变小	变小	变大	变大	变小	较小

四、气圈特征数与正常气圈

在气圈形态分析中，常用 aH 值表示气圈的形态。由气圈的近似方程式

可得

$$y_m=\frac{R}{\sin aH} \quad 或 \quad \sin aH=\frac{R}{y_m}=\frac{D}{\delta_m}$$

所以，$aH=\sin^{-1}\frac{D}{\delta_m}$（$D$ 在 δ_m 之上）。

$$aH=\pi-\sin^{-1}\frac{D}{\delta_m}（D 在 \delta_m 之下） \tag{2.12}$$

式中：

y_m —— 气圈振程；

R —— 钢领半径；

H —— 气圈高度；

D —— 钢领直径；

δ_m —— 气圈最大直径，$\delta_m=2y_m$。

正常气圈纺纱即稳张力纺纱，其气圈形态特征数 aH 值为 $0.73\pi=2.26$，$D/d_m=0.75$；$d_m/D=1.333$，也即正常气圈时，气圈最大直径 d_m 为钢领直径 D 的 1.333 倍。正常气圈的特点是气圈张力平稳、弹性好，吸收张力变化能力强，断头少，成纱质量好。

大气圈形态特征数 aH 值为 $0.833\pi=2.62$，$D/d_m=0.5$；$d_m/D=2$，气圈最大直径 d_m 为钢领直径 D 的 2 倍。这在生产实践中已不允许，因为细纱机锭距总比钢领直径 2 倍小得多，所以 aH 值为 0.833π 嫌大了。

aH 值为 0.73π，aH 值为 0.83π 与 aH 值为 0.5π 的 3 种气圈形态如图 2.7 所示，它表达了 aH 值大小与气圈形态“肥瘦”关系。

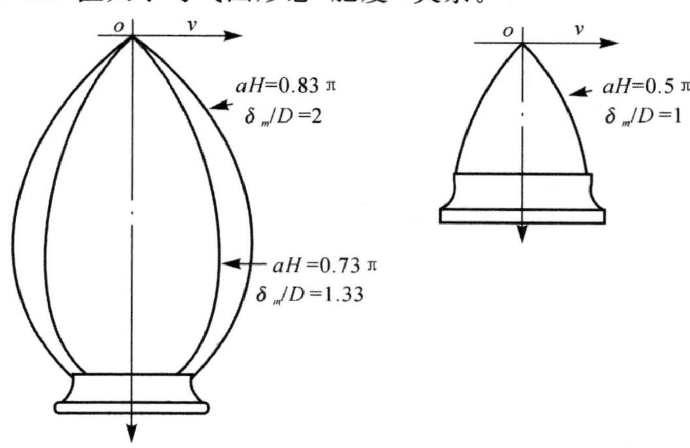

图 2.7 3 种 aH 值的气圈形态

五、气圈形态与纺纱张力、纺纱段动态捻度关系

气圈形态与纺纱张力、纺纱段动态捻度关系概括在表 2.7 中。

表 2.7　气圈形态与纺纱张力、纺纱段动态捻度关系

气圈形态	波长 λ	振程 y_m	纺纱张力	纺纱段动态捻度
凸形大	短	大	小	少
凸形小	长	小	大	多

第四节　细纱断头的基本规律

一、细纱断头的基本规律

在正常生产条件下，细纱断头有下述基本规律。

(1) 在一落纱过程中细纱断头的分布为小纱断头多、中纱断头少、大纱断头有所增多；

(2) 断头以纺纱段较多、卷绕段少、气圈段无断头；

(3) 纺纱张力大，纱线强力弱，都易产生断头；

(4) 随着锭速的增加或卷装的增大，断头增多；

(5) 不同纺纱线密度一落纱过程中断头分布曲线略有区别。

纯棉纱断头分布规律如图 2.8 所示。

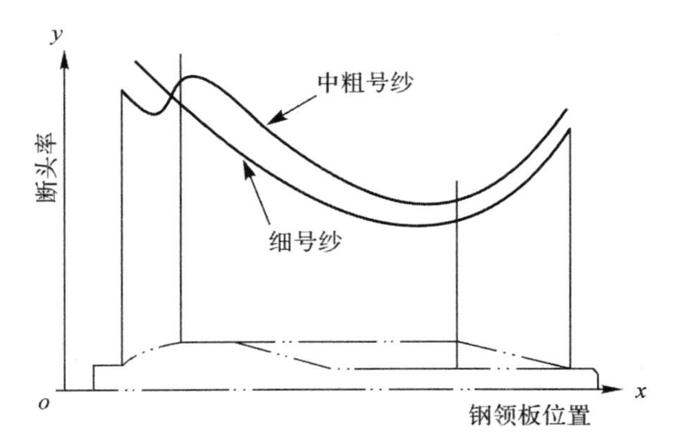

图 2.8　一落纱过程中纯棉纱断头分布规律

二、细纱断头的基本原因

充分了解断头规律，对降低细纱断头有一定的指导作用。虽然影响细纱断头的原因是多方面的，如原料、半制品质量、设备、工艺、运转操作、温湿度等波动都会引起断头，即细纱断头是纺纱生产中各因素的综合体现。在高速纺纱生产中，细纱断头是因为加捻卷绕过程中的纱线动态强力小于作用在该处的纱线动态张力而产生断头。由于纱线张力和强力均存在波动，当张力波峰遇到并大于强力谷值时便发生细纱断头，如图 2.9 所示。

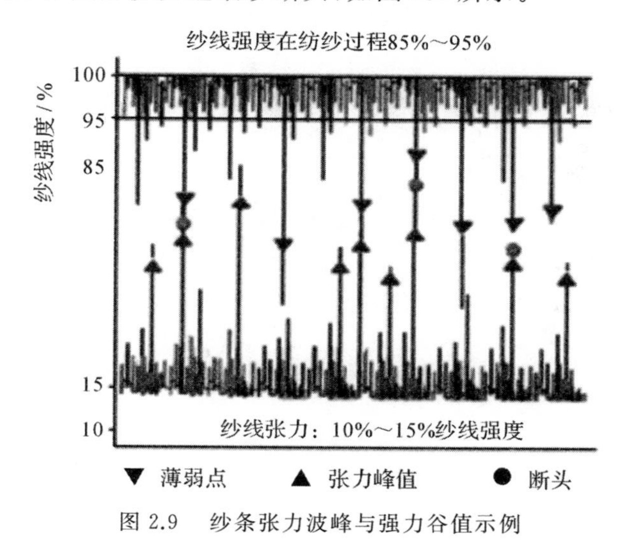

图 2.9 纱条张力波峰与强力谷值示例

在正常生产过程中，纱线的平均张力总是比平均强力小很多，否则就无法进行正常生产。理论而言，纺纱平均张力控制在纱线强力的 1/3 ～ 1/4 时不会发生断头；但在实际生产中，纺纱动态张力和纺纱动态强力都是波动的，特别是纱线动态张力的高频变化而经常出现张力峰值，一旦遇到纱线强力弱环时，就会出现张力峰值大于强力弱环而发生断头。图 2.10 所示是中号纱纺纱动态张力 T_S 和纺纱动态强力 P_S 关系的一段实测变化曲线，断头多发生在张力峰值与强力谷值的交叉点（图中 A，B）。因此，当纺纱平均张力$\overline{T_S}$ 增大和纺纱平均强力$\overline{P_S}$ 减小时，随着两者数值的接近，就会增大张力峰值与强力谷值交叉的概率，即纱线断头的概率增大；反之，如果纺纱张力、纺纱强力波动范围小，特别是降低纺纱张力大的波峰值或提高纺纱强力较低的波谷值，两者的平均值即使靠近些，断头仍可稳定甚至减少。可见，降低纱线断头率的主要措施是控制和稳定张力，提高纺纱强力、减小强力不匀率，尤其是减少突变张力、强力弱环,以减少张力波峰与强力波谷的交叉概率。纺纱强力、强力不匀率跟原料、纺纱工艺、机械状态等都有很大的相关性;而纱线张力则与加捻卷绕工艺、机械状态关系更为密切,尤其是高速锭子与纱管、钢领与钢丝圈的质量、状态对其影响最为显著。

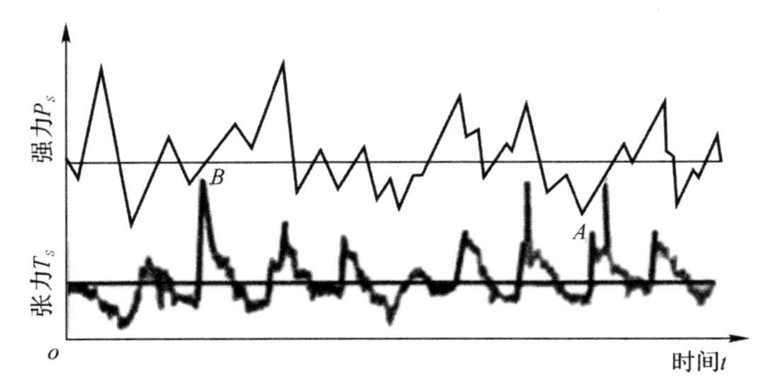

图 2.10　纺纱动态张力 T_S 和纺纱动态强力 P_S 变化曲线

第三章

钢领钢丝圈与细纱断头

在环锭细纱机高速生产实践中，锭子与筒管、钢领与钢丝圈的质量差是造成细纱断头的主要原因，锭子振程值大、跳管断头是不允许存在的。钢领、钢丝圈的几何形状不当及其配合不良所引起的飞圈和纱线张力突变，是造成细纱断头的主要原因；反之，钢领、钢丝圈的几何形状配合适当，会促进细纱机高速生产的进展。20 世纪 70 年代，上海地区棉纺钢领、钢丝圈配套与环锭细纱机生产锭速的进展见表 3.1。

由表 3.1 可知，钢领、钢丝圈是环锭细纱机高速生产的关键。随着钢领、钢丝圈技术的不断发展，尤其是钢丝圈线速度突破 40 m/s，为环锭细纱机高速化生产做出一定的贡献。

因钢领、钢丝圈配合不良所引起的细纱断头，可以概括为以下 3 类。

(1)楔住断头。其是因钢丝圈的内、外脚在运行中与钢领内、外壁接触而发生纱线断头，称为“楔住断头”，或纱线通道空间过小而使纱线轧断头，这两种断头都与钢丝圈的倾斜运动及其各向倾角有关。

(2)磨损断头。其是因钢丝圈内脚热磨损而飞圈断头或纱线嵌入钢丝圈磨损的缺口而被割断头，这两种断头都与钢丝圈的发热、散热不良及其内在质量有关。

(3)气圈炸断头。其是因钢领衰退期后的表面状态不良而使气圈大、多变又不易控制时的断头，主要与钢领边宽、热处理质量和表面状态有关。

表 3.1　上海市不同时期棉纺钢领、钢丝圈配套与环锭细纱机生产锭速的进展

纺纱号数/tex	钢领型号、内径/mm	钢丝圈型号	细纱机锭速/($kr \cdot min^{-1}$)	钢丝圈线速度/($m \cdot s^{-1}$)	生产年代
28	JG1－42	GS	13.6	29.9	1964 年
	JG1－45	新 O	13.6	32.0	1965 年
	JG1－45	GS 新	14.5	34.2	1966 年
	PG1－45	6701	16.0	37.7	1967 年
	PG1－42	FO；6903	17.4	38.3	1970 年

续表

纺纱号数/tex	钢领型号、内径/mm	钢丝圈型号	细纱机锭速/（kr·min^{-1}）	钢丝圈线速度/（m·s^{-1}）	生产年代
18	JG1-38	OS	13.3	26.5	1964年
	JG1-42	新O	14.5	31.9	1965年
	PG1/2-42	新GS	16.0	35.2	1966年
	PG1/2-42	6701	17.5	38.5	1972年
	ZM6-42	ZB-8	18.2	40.0	1979年
14	JG1-38	OS	13.0	25.9	1964年
	PG1/2-42	OSS	17.2	37.8	1966年
	PG1/2-38	RSS	19.2	38.2	1975年
	ZM6-42	ZB-8	18.7	41.1	1979年
13（T/C）	PG1/2-38	0SS	16.4	32.6	1971年
	PG1-42	FO	16.4	36.1	1972年
	PG1-42	FU	17.8	39.1	1973年
	ZM6-45	ZB-1	18.2	42.9	1979年

第一节　钢丝圈楔住断头

一、钢丝圈的倾斜运动

钢丝圈的几何楔是造成纱线突变张力峰值的主要原因之一。所谓几何楔是指钢丝圈的倾斜运动突然受阻，是由于作用在钢丝圈上的诸力对钢丝圈在钢领上支持点产生力矩，其合力矩的时刻变动产生了钢丝圈的倾斜运动。钢丝圈被磨损的缺口深度和广度的不均匀性也可证实，钢丝圈外脚在运行中外倾和前倾、背部前倾。

作用在钢丝圈上的诸力对钢丝圈在钢领上支持点 A 产生的力矩如图 3.1 所示，取钢丝圈的回转中心垂直线为 x 轴，取通过钢丝圈质心 S 的径向线为 y 轴，取与 x，y 轴成垂直的线为 z 轴，则高速回转中的钢丝圈上受到的作用力主要有惯性离心力 C_t、钢领支承反力 N 及其摩擦力 F 和卷绕张力 T_W、气圈底部张力 T_R。

1. 子午面倾斜运动

如图 3.1(a) 所示，钢丝圈在子午面 xoy 上的倾斜程度，用外倾角 $\angle A$ 的大小表示。

2. 水平面倾斜运动

如图 3.1(b) 所示，钢丝圈在水平面 yoz 上的倾斜程度，用超前角 $\angle B$ 的大小表示。

3. 横切面倾斜运动

如图 3.1(c) 所示，钢丝圈在横切面 xoz 上的倾斜程度，用前倾角 $\angle C$ 的大小表示。

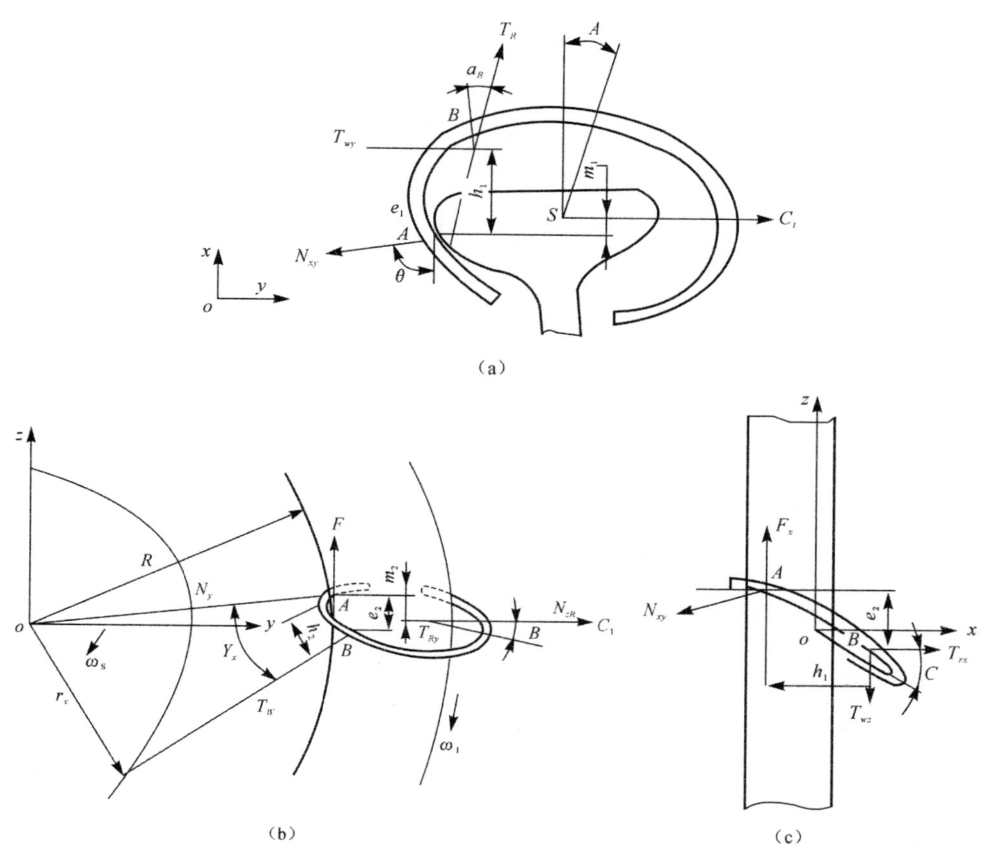

图 3.1 钢丝圈上作用力及其倾斜运动

在实际运转过程中，由于作用在钢丝圈的诸力及其对支承点 A 产生诸力矩的大小、方向及作用点位置是不断变化的，因此钢丝圈在空间三平面上的倾斜运动、三向倾斜角 $\angle A$，$\angle B$，$\angle C$ 大小也是不断变化的，以达到对支承点 A 产生诸力矩处于动平衡状态。图 3.2 所示为管纱锥面顶端到底端的一次卷绕动程中钢丝圈的倾斜运动。钢丝圈的倾斜运动是适应以上诸力矩变化的需要，它使其不断地从原先的力矩平衡状态达到新的平衡状态。

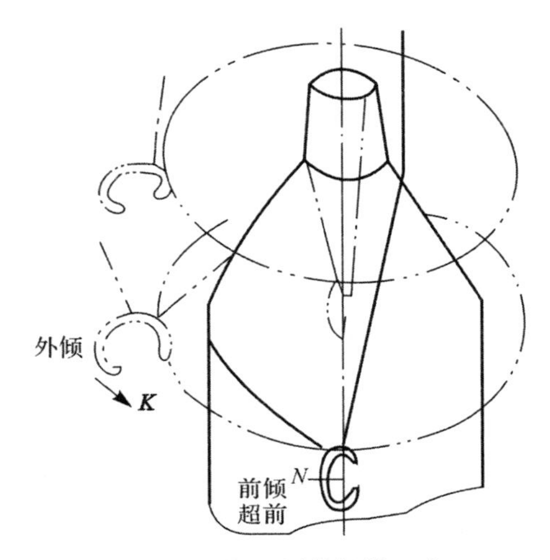

图 3.2　钢丝圈的倾斜运动

在纱线正常卷绕过程中，作用在钢丝圈的诸力时刻在变化，其中变化最显著且有规律的是卷绕张力 T_W 和气圈底部张力 T_R。当管纱卷绕小直径时卷绕张力 T_W 大；反之，管纱卷绕大直径时，卷绕张力 T_W 小。气圈底部张力 T_R 方向时刻随气圈形态变化而变。所有这些变化都会引起钢丝圈在卷绕过程中倾斜运动的变化，因而钢丝圈的三向倾角 $\angle A$，$\angle B$，$\angle C$ 也是不断变化的。

二、钢丝圈的倾斜角

1. 外倾角

钢丝圈在子午面 xoy 上的外倾角 $\angle A$ 随着管纱直径的增大而增大，在管底成形即将完成卷绕大直径处，气圈凸形最大，外倾角 $\angle A$ 最大；而在满管卷绕小直径处，外倾角 $\angle A$ 最小。当钢领、钢丝圈因外形设计不当而配合不良时，外倾角 $\angle A$ 过大，易发生钢丝圈外脚碰钢领外壁；外倾角 $\angle A$ 过小，易发生钢丝圈内脚碰钢领内壁，轻则给钢丝圈运动增大摩擦阻力，重则使钢丝圈抖动、顿挫或楔住，使纱线产生突变张力峰值，从而增加纱线断头。

钢丝圈楔住的几何条件如图 3.3 所示。

由图 3.3 可知，钢丝圈外脚碰钢领外壁的几何条件为

$$[(W_t + C)/2]\cos A \cos B \leqslant B_1 + b \tag{3.1}$$

式中：

W_t —— 钢丝圈宽度；

C —— 钢丝圈开口；

A —— 钢丝圈外倾角；

B —— 钢丝圈超前角；

B_1 —— 钢领内壁深度；

b —— 钢领颈壁厚度。

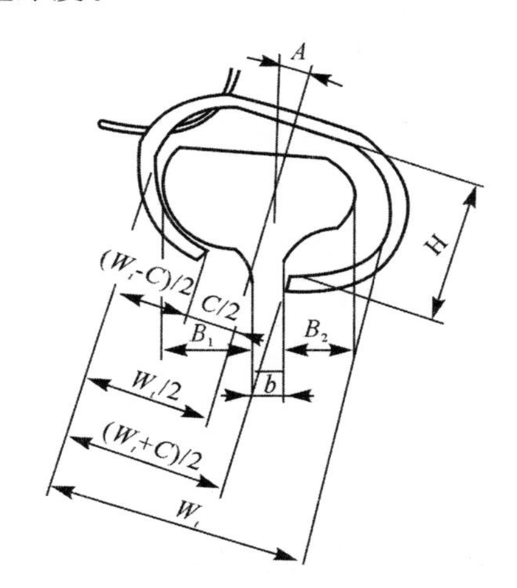

图 3.3 钢丝圈楔住几何条件

H —钢丝圈高度；B_2 —钢领外壁深度

钢丝圈内脚碰钢领内壁的几何条件为

$$[(W_t - C)/2]\cos A > B_1 \cos B \tag{3.2}$$

为防止钢丝圈楔住，钢领、钢丝圈几何尺寸除满足上述两式外，还要控制其倾斜角 $\angle A$，$\angle B$ 大小和在钢丝圈圈形设计中降低质心，这是高速钢丝圈质心位置设计比较低的理由；此外，钢丝圈在钢领上支持点 A 点的位置必须适当提高。为此，高速钢领内壁跑道由普通钢领的单圆弧改为多圆弧设计。由于运行中的钢丝圈是内脚贴着钢领内壁跑道，因而易产生钢丝圈内脚头端碰钢

领内壁的情况，以致有拎头重、易飞圈等问题，所以，钢领内壁深度 B_1 须加深，在保证钢领刚度和强度下，减小钢领颈壁厚度 b。

2. 超前角

钢丝圈在水平面 yoz 上的超前角 $\angle B$ 和几何楔，通过计算可以推测，超前角 $\angle B$ 值一般约为 5°，是钢丝圈三向倾角中最小的。但是，矩形截面的钢丝圈最不适应超前角 $\angle B$ 的产生和变化，这是由于其易发生单侧接触的“立锥”效应而产生几何楔，也是矩形断面钢丝圈走熟期长的原因。降低 K 值（张力比 T_W/T_R）可以有效地减小超前角 $\angle B$，但 K 值取决于钢丝圈截面形状和纱线纤维的性质，弓形、瓦楞形等具有圆弧截面的钢丝圈有助于适应水平超前角 $\angle B$ 的变化，这是瓦楞形截面的 FU 型钢丝圈比矩形截面的 FO 型钢丝圈走熟期短的主要原因，也是高速钢丝圈线材截面采用弓形、瓦楞形的原因。

3. 前倾角

对于横截面 xoz 上的前倾角 $\angle C$ 和几何楔：前倾角 $\angle C$ 在卷绕大直径时，随着卷绕直径增大而增大；反之，在卷绕小直径时，前倾角 $\angle C$ 随着卷绕直径减小而减小。小纱管底成形卷绕大直径时，前倾角 $\angle C$ 最大。从理论上计算，前倾角 $\angle C$ 是钢丝圈三向倾角中最大的，它不仅易引起几何楔，且纱线通道的空间随 $\angle C$ 的增大而减小。在小纱管底成形卷绕大直径时，外倾角 $\angle A$、前倾角 $\angle C$ 均最大，当纱线实际通道小于纱线直径时，纱线就会在钢丝圈和钢领顶面之间被轧住，引起突变张力而断头，称其为纱线轧断头。为了防止纱线轧断头，通常要求纱线的实际通道应大于 1.3 倍的纱线直径，为此要求接触处的钢丝圈曲率半径 ρ_t 和钢领曲率半径 ρ_R 的比值应为 $1.15 \sim 1.45$。这样，钢丝圈前倾到一定角度后，两者实际的配合弧将趋于吻合，阻止钢丝圈继续前倾，以满足最小纱线实际通道的要求。

以上分析表明，实际运行中的钢丝圈在空间的 3 个坐标平面上都有倾斜，倾斜的根源在于力矩的不平衡。各倾斜角的大小和张力比 K、管纱卷绕直径与钢领直径的比值、钢丝圈质心位置以及气圈形态有关。钢丝圈运行中无论在任何方向受到钢领内跑道或内、外壁的限制而不能达到应有倾斜度，就会产生几何楔。钢丝圈楔住后如仍被纱条拖着运行，被楔住部分很快磨损，直至达到或接近应有的倾斜度，即经过局部磨损达到与钢领的正常配合，此即为钢丝圈的走熟期。

应指出的是，钢丝圈在子午面、水平面上的倾斜运动及其倾斜角 $\angle A$，

$\angle B$，在其变化过程中有较大且相对稳定的惯性离心力矩 C_1m_1 和 C_1m_2 参与力矩平衡；所以，在卷绕过程中的倾斜角 $\angle A$，$\angle B$ 的变化相对较小，而前倾角 $\angle C$ 无惯性离心力矩参与力矩平衡，故在卷绕过程中发生的各种突变因素会引起前倾角 $\angle C$ 较大的变化范围，从而带来各种不良的影响。

第二节　钢丝圈的热磨损和飞圈断头

在钢丝圈高速运行中，瞬时与钢领接触面积太小是平面钢领、钢丝圈的最大缺陷，使钢丝圈高速运行中与钢领接触面产生巨大的压强，几乎接近飞机发动机曲轴轴承表面压强极限值。小小钢丝圈在这样巨大的接触压强下进行金属之间高速（约 40 m/s）滑动摩擦，所产生大量的摩擦热使钢丝圈与钢领接触部位温度显著升高，并使磨损缺口局部退火而软化变形、迅速磨灭、开口变大飞脱而断头。这种断头生产上称为热磨损飞圈断头。

一、钢丝圈的摩擦发热率

钢丝圈的摩擦发热率取决于它的摩擦功率，即摩擦力 F 和摩擦速度 v_t 的乘积 Fv_t。对它的摩擦功率进一步解析为

$$Fv_t = FR\omega_t = fNR\omega_t = T_{Wz}R\omega_t = KT_RR\omega_t\sin\gamma_x \tag{3.3}$$

式中：

F —— 钢领与钢丝圈之间的滑动摩擦力；
v_t —— 钢丝圈线速度；
R —— 钢领内径半径；
ω_t —— 钢丝圈回转角速度；
f —— 钢领与钢丝圈间的摩擦因数；
N —— 钢领对钢丝圈的反作用力；
T_{Wz} —— 纱条卷绕张力的 z 轴分量；
K —— 张力比，$K=T_W/T_R$；
T_R —— 气圈底端张力；
γ_x —— 纱条卷绕角。

由式(3.3)可知，在其他因数不变时，钢丝圈的摩擦功率变化遵循下述规律。

(1) 随着钢丝圈速度的增大而线性增大。

(2) 随着钢领直径的增大而线性增大。

(3) 随着 T_W 或 T_R 的增大而线性增大。

(4) 随着 F 或 f 的增大而线性地增大。

(5)K 值越大,钢丝圈的摩擦功率也越大;钢丝圈背部截面为圆形或为弧形(如瓦楞形、弓形),并试验不同的曲率半径和长宽比对 K 值的影响,是减少钢丝圈的摩擦功率的途径之一。

(6) 纱条与钢丝圈之间的摩擦因数 μ_t 值越大,钢丝圈的摩擦功率也越大。如合成纤维的 μ_t 值大且熔点低,故纺合成纤维纱时钢丝圈的摩擦发热功率较大,这就是合成纤维纺纱时易发生热熔融损伤的原因之一。

在一落纱全过程中,钢丝圈的摩擦功率在小纱阶段较大、大纱阶段次之、中纱阶段较小。在钢领板短动程中,钢丝圈摩擦功率的变化规律与管纱卷绕直径变化规律相一致,因此,钢丝圈摩擦功率最大发生在管纱管底成形完成段卷绕大直径位置,最小发生在中大纱段卷绕小直径位置,这就是管底成形完成段卷绕大直径位置时易产生飞圈断头的原因之一。

二、钢丝圈的线速度

钢丝圈的线速度计算公式为

$$\begin{aligned} v_t = R\omega_t = \pi D_R(n_s - n_{FR}d_{FR}/d_x) \times 1/60 \times 1/1000 \approx \\ \pi D_R n_s \times 1/60 \times 1/1000 \approx 5.236 D_R \times n_s \times 10^{-5} \quad (\mathrm{m/s}) \end{aligned} \qquad (3.4)$$

式中:

v_t —— 钢丝圈线速度;

R —— 钢领半径;

ω_t —— 钢丝圈回转角速度;

D_R —— 钢领内径;

n_s —— 锭子转速;

n_{FR} —— 前罗拉转速;

d_{FR} —— 前罗拉直径;

d_x —— 管纱直径。

由式(3.4)可得钢领内径、锭子转速、钢丝圈线速度,也可对照表 3.2 进行查询。

表 3.2 钢领内径、锭子转速、钢丝圈线速度对照表 单位:m/s

锭子转速/(kr·min⁻¹)	钢领直径/mm							
	32	35	38	40	42	45	48	50
10.0		18.3	19.9		22.0	23.6	25.1	26.2
11.0		20.1	21.9		24.2	25.9	27.6	28.8
11.5		21.1	22.9	24.1	25.3	27.1	28.9	30.1
12.0		22.0	23.9	25.1	26.4	28.3	30.2	31.4
12.5		22.9	24.9	26.2	27.5	29.5	31.4	32.7
13.0		23.8	25.9	27.2	28.6	30.6	32.7	34.0
13.5		24.7	26.9	28.3	29.7	31.8	33.9	35.3
14.0		25.7	27.9	29.3	30.8	33.0	35.2	36.7
14.5		26.5	28.9	30.4	31.9	34.2	36.4	38.0
15.0		27.5	29.9	31.4	33.0	35.3	37.7	39.3
15.5		28.4	30.8	32.5	34.1	36.5	39.0	40.6
16.0		29.3	31.8	33.5	35.2	37.7	40.2	41.9
16.5		30.3	32.8	34.6	36.3	38.9	41.5	43.2
17.0		31.3	33.8	35.6	37.4	40.1	42.7	44.5
17.5		32.1	34.8	37.7	38.5	41.2	44.0	45.8
18.0		32.9	35.8	37.7	39.6	42.4	45.2	47.1
18.5		33.9	36.8	38.8	40.7	43.6	46.5	48.4
19.0		34.7	37.8	39.8	41.8	44.8	47.8	49.7
19.5		35.7	38.8	40.8	42.9	46.0	49.0	51.1
20.0		39.6	39.8	41.9	44.0	47.1	50.3	52.4
20.5			40.8	42.9	45.1	48.3	51.5	53.7
21.0			41.8	44.0	46.2	49.5	52.8	
21.5			42.8	45.0	47.3	50.7	54.0	
22.0			43.8	46.1	48.4	51.8	55.3	

续表

锭子转速/(kr·min^{-1})	钢领直径/mm							
	32	35	38	40	42	45	48	50
22.5			44.8	47.1	49.5	53.0	56.6	
23.0			45.8	48.2	50.6	54.2	57.8	
23.5			46.8	49.2	51.7	55.4	59.1	
24.0			47.8	50.3	52.8	56.6		
24.5			48.8	51.3	53.9	57.7		
25.0			49.7	52.4	55.0	58.9		

三、钢领与钢丝圈间的摩擦

在环锭细纱机高速生产中，钢丝圈始终在高速、高压、高温状态下进行滑动摩擦运行，并完全不同于常温状态下的滑动摩擦。纺纱需要摩擦，至少在某种程度上需要摩擦；选择钢丝圈质量，就是选择钢领与钢丝圈间的摩擦力，而且磨损应尽量少。

由纱线张力理论可知，卷绕张力 T_W 随钢领与钢丝圈间的摩擦力增大而增大。在短纤维的纺纱过程中，钢领与钢丝圈处于干摩擦状态，当锭子中低速度时，短纤维尘杂被钢丝圈不断地从纱体表面刮下并会挤压在钢领与钢丝圈的接触面上而形成一层纤维润滑膜，它改善了钢领与钢丝圈的干摩擦状态，钢领与钢丝圈能长效运行归功于这层纤维润滑膜的存在，这层纤维润滑膜的形成和持久性，成为评价钢领与钢丝圈配合质量的主要指标之一。

摩擦因数 f 值难于确定，因为它与钢领、钢丝圈的型式(截面几何形状)、材料、热处理和表面处理，钢丝圈线速度、纱线纤维材料、车间温湿度等诸多因素有关。P.F.GRISHIN 认为：当钢领与钢丝圈间“楔住”的情况不显著时，钢领与钢丝圈之间的摩擦因数 f 值随锭子转速的增大而减小。在普通纺纱条件下，f 为 0.20；在不良条件下，f 值可以增大到 0.25 ~ 0.28；当“楔住”被排除时，f 值可以减小到 0.12。布雷克(Bräcker) 公司在其钢领、钢丝圈使用手册中，指出摩擦因数 f 值可为 0.08 ~ 0.12。

生产实践能反映出钢领与钢丝圈间的摩擦因数 f 值变化概况：在钢丝圈走熟期内，f 值较大；走熟期后，f 值变小且相对稳定，生产正常运行；长时间运转后，钢领工作面逐渐磨损衰退，f 值也逐渐减至最小值、气圈放大；但气圈过大时会失去控制小纱气圈的能力；这说明在钢丝圈走熟期内，钢领、钢丝圈的几何形状不完全匹配，钢丝圈在三维空间的倾斜运动受阻，反映出“几何楔”的摩擦性状，这已为不同圈形、不同线材截面形状的钢丝圈应用所证实。不仅如此，在高速生产中的钢丝圈会因过度摩擦、发热而逐渐退火变色，磨损处由橙色、绿色到紫蓝色，甚至使钢丝圈发生热磨损而飞圈造成纱线断头，这也是限制钢丝圈速度提高的主因。因此，必须深入研究高速生产中钢领与钢丝圈间的摩擦性能，尽可能地控制摩擦因数 f 值的稳定，从而延长钢领、钢丝圈的使用寿命。

如果钢丝圈摩擦发热量不及时排除，势必会迅速增大钢丝圈与钢领接触部位的温升，局部高温将改变钢领与钢丝圈间的摩擦性质，产生热“楔”的熔焊摩擦，导致钢丝圈接触部位迅速热磨损而飞圈造成纱线断头。

四、钢丝圈的散热性能

如图 3.4 所示，钢丝圈的热量 Q 散失可分为 3 部分，一部分 q_1 传向钢领，另两部分 q_2 和 q_3 沿钢丝圈本身线材分别向上传向外脚和传向内脚，显然 $Q = q_1 + q_2 + q_3$。

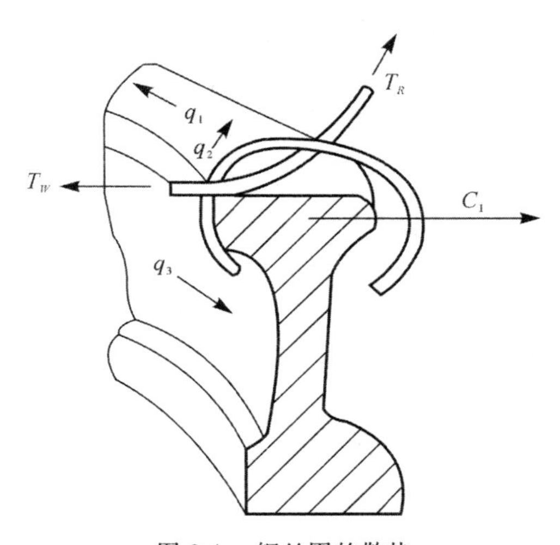

图 3.4　钢丝圈的散热

因为钢丝圈在钢领上的摩擦接触点分布于钢领内跑道，且不断随钢丝圈的运动变换位置，所以其热容量大、散热快、温升不高而呈微温状态；而钢丝圈的摩擦接触点只在其很小的范围内变化，且钢丝圈本身体积小、热容量小，尤其集中在钢丝圈内脚的热量不易散失导致温升迅速提高，从而使钢丝圈退火、软化、开口变大而导致飞圈、纱线断头。为了防止飞圈、断头，最好是将大量的摩擦发热量导向钢领板进行散失，并尽量提高钢丝圈内脚的散热能力，增加 q_1 最有效的措施是尽可能增大钢领与钢丝圈间的摩擦接触面积。

对于矩形截面的钢丝圈，P.F.GRISHIN 曾将与钢丝圈内脚的散热能力有关的因素归纳为

$$(T - T_0) \propto [ac/(a + c)] (L/l) D^{1.25} n_s^{2.25} \tag{3.5}$$

式中：

T —— 钢丝圈内脚的温度；

T_0—— 钢丝圈周围空气的温度；

a —— 钢丝圈截面宽度；

c —— 钢丝圈截面厚度；

L —— 钢丝圈展开长度；

l —— 钢丝圈内脚 MN 长度；

D —— 钢领直径；

n_s —— 锭子速度。

钢丝圈几何尺寸如图 3.5 所示，ac 为钢丝圈线材截面积，$(T - T_0)$ 表示钢丝圈内脚的温升。由式(3.5)可知，钢丝圈内脚的温升与钢丝圈几何尺寸、卷绕工艺密切相关。为提高钢丝圈的散热性能，钢丝圈几何尺寸应满足以下几点。

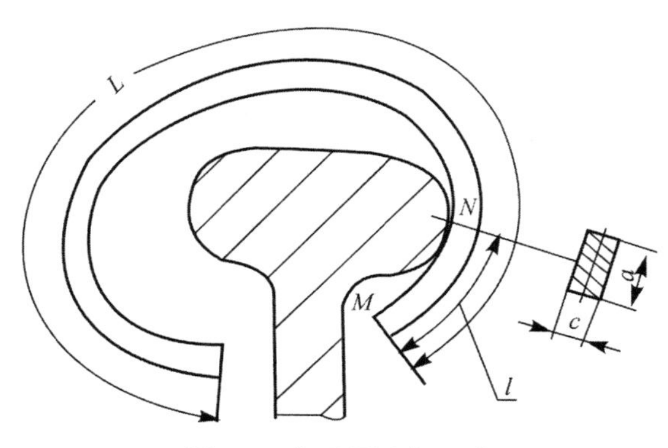

图 3.5　钢丝圈几何尺寸

(1) 减小比值 $ac/(a + c)$，即钢丝圈内脚的温升随其截面宽度增大而减小。典型的实验资料见表 3.3。

表 3.3 钢丝圈内脚温升与其截面宽度关系

截面尺寸 $a\times c$/mm 指标	圆形 $\phi1$	矩 形		弓 形
		1.5×0.52	2.0×0.39	1.9×0.45
张力比 K	1.5	1.7	2.0	1.9
吸热性能	1	1	1	1
散热性能	1.0	1.3	1.5	1.4

由表 3.3 可知，截面为圆形的钢丝圈散热性能差，限制了钢丝圈线速度的提高；弓形截面的钢丝圈散热性能好，常为各种高速钢丝圈所采用。

(2) 减小比值 L/l，即钢丝圈的圈形要小、整体长度要短、钢领与钢丝圈的接触点 N 要上移，以增大内脚 MN 长度。圈形大、质心高的普通钢丝圈易外倾，与内跑道为单圆弧组成的普通钢领配合，致使接触点 N 下移，缩短了内脚 MN 长度 l，而不适应高速运行；同样质量的钢丝圈，若使用窄边钢领可以缩短内脚 MN 长度 l；圈形小的钢丝圈可增大截面积 ac；若钢丝圈截面宽度 a 相同则可增大其厚度 c，有利于提高钢丝圈的耐磨性能，而且小圈形的钢丝圈，质心低、运行平稳、外倾小且有利于散热，这就是高速钢领采用窄边的理由。

钢领边宽和钢丝圈圈形及其运行性能的关系见表 3.4。应该指出的是，在高速运行中也暴露出窄边钢领高速性能易于衰退的缺点。

表 3.4 钢领边宽与钢丝圈圈形及其散热性能的关系

钢丝圈圈形	大	中	小
钢领边宽/mm	4.0	3.2	2.6
钢丝圈质量/mg	60	60	60
钢丝圈散热比	100	110	115

对于特定的钢领和钢丝圈，钢丝圈在一定的卷绕工艺条件下开始运行时，因配合不佳或接触面积小而使磨损处的温度迅速上升，直至达到发热、散热平衡为止。P.F.GRISHIN 曾对钢丝圈内脚温度以回火色泽予以区别，分为表 3.5 中的 9 个等级。

表 3.5　钢丝圈内脚温升对比

烧毁等级	回火色泽	钢丝圈内脚温度/℃	
		钢材回火温度	钢丝圈内脚实验温度
0	不变色	150	150
1	稍变色	170	190
2	淡黄色	195	225
3	金黄色	215	255
4	赤褐色	240	285
5	赤带紫	260	310
6	紫色	280	335
7	稍蓝色	315	360
8	明显蓝色	325	380

钢丝圈的热磨损最易发生在走熟期内，因为钢丝圈刚上车时与钢领内跑道曲面配合尚不能完全适应其倾斜运动变化规律的要求，这就表现出钢丝圈在三维空间是在“几何楔”的状态下运行。“楔摩擦”增大了纱线张力，使走熟期内钢丝圈的摩擦发热功率升高，而散热能力因接触面积小则下降，这“一升一降”使钢丝圈内脚温度显著提高而发生热磨损，这对低熔点的合成纤维纺纱尤为不利。为了缩短走熟期，要求从抗楔性能方面设计钢领、钢丝圈的几何形状和钢丝圈截面形状。如，异形截面钢丝圈的应用，可以避免走熟期内的立锥问题，改善钢丝圈启动时的滑动性能，对于改善走熟期内的几何楔和热磨损有较好效果。这也是合成纤维纯纺或混纺生产中，钢丝圈采用弓形、瓦楞形或异形截面组合的原因。

第三节　钢丝圈的磨损与纱条断头

如图 3.6 所示，在钢丝圈内脚不仅有下部的磨损缺口 A，其上部还有纱条通道磨痕 B。

如果磨损缺口 A 位置偏高、纱条通道磨痕 B 位置偏低时，即两者发生交叉，尤其是在大纱卷绕小直径部位最易发生。这是因为随着钢领板短动程上升，卷绕直径逐渐减小，钢丝圈外倾角∠A、前倾角∠C 都相应逐渐减小，磨损缺口 A 逐渐上升，甚至会冒出钢领顶面，同时卷绕张力也逐渐增大，气圈形态也由凸形逐渐趋向锥形，改变了气圈底端张力 T_R 的方向，这些都导致纱条通道磨痕 B 位置下移，并向磨损缺口 A 靠近，在筒管跳动等各种因素引起纱条抖动的情况下则易滑入磨损缺口 A，轻者刮毛纱条、增加毛羽和飞花，严重时直接在通道处发生磨损缺口与纱条通道交叉割断头。

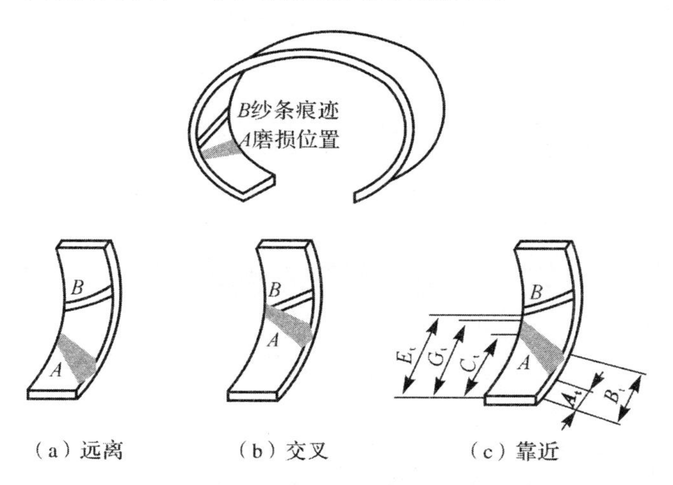

图 3.6 钢丝圈的磨损缺口与纱条通道痕迹示意

如图 3.7 所示，为 PG1/2 钢领配 7010 型、7011 型、7012 型圈形钢丝圈纺 17 tex 棉纱，锭速为 19 kr/min，钢领内径为 38 mm 条件下运转 3 h 后取样的实际情况。

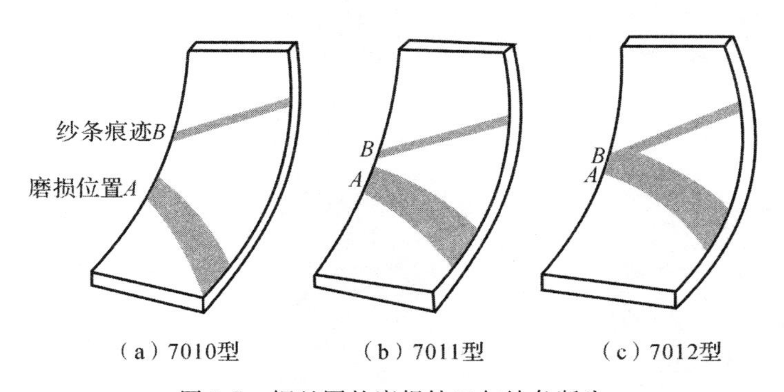

图 3.7 钢丝圈的磨损缺口与纱条断头

根据图 3.7,可作下述分析。

(1) 7010 型钢丝圈质心较高、纱条通道宽畅,钢丝圈的磨损缺口 A 与纱条通道痕迹 B 距离(E_t-D_t)大,故纱条不会滑入磨损缺口 A 而发生通道交叉割断头问题,拎头也轻快;但是,因磨损缺口 A 位置太低,内脚 A_t,B_t 值过小,其散热性能差,易发生热磨损飞圈而不适应高速化生产。

(2) 7012 型钢丝圈正好相反,其质心偏低,钢丝圈的磨损缺口 A 偏高,内脚 A_t,B_t 值偏大,散热性能好,飞圈少;但是,随着运行时间的延长,磨损缺口 A 增大,发现有 A 与纱条通道磨痕 B 交叉问题,导致拎头重和纱条通道交叉割断头严重而不能使用。

(3) 7011 型钢丝圈质心位置高低介于上述两者之间,磨损缺口 A 位置适中,A,B 间有适当间距,故在高速化生产中取得一定效果。

第四节 纱条通道与钢丝圈轧断头

纱条通道是指纱条通过钢丝圈上部与钢领顶面间的空间,它由钢丝圈圈形和运行中倾斜角(前倾角)决定。钢丝圈的纱条通道大小应以纱条号数、捻度和纤维材料种类决定。钢丝圈圈形与纱条通道如图 3.8 所示,各种倾斜位置的纱条通道如图 3.9 所示。纱条通道也影响钢丝圈与钢领接触面处纤维层的润滑效果。

不同号数、品种的纱条,需要不同大小的纱条通道,见表 3.6。

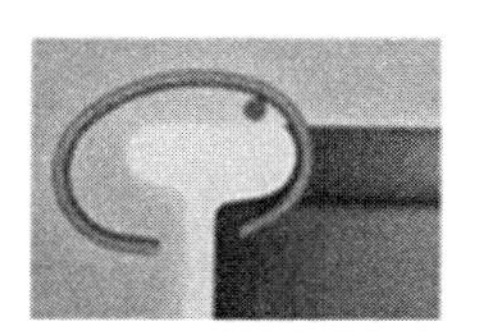
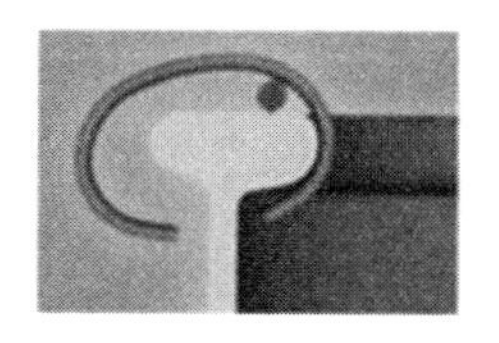
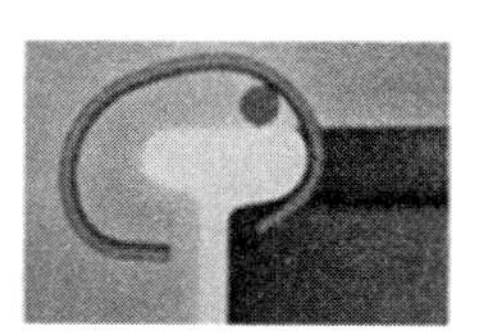

图 3.8 钢丝圈圈形与纱条号数

(a) 自由状态

(b) 中度倾斜

(c) 高度倾斜

图 3.9 钢丝圈前倾角和纱条通道

表 3.6 不同号数、品种的纱条通道

号 数	细	粗
纤维品种	棉	人造纤维或混纺
通 道	小	大
纤维润滑层效果	良好	差

纺中粗号纱时，若钢丝圈圈形质心过低、运行中前倾角过大，易造成钢丝圈内纱条通道小于纱条上粗节直径时，就会使运行中的纱条被钢丝圈轧住，从而产生纱条轧断头。

纱条通道小、质心低的钢丝圈适合纺细特棉纱，有利于高速化生产。纱条通道适中的钢丝圈，适合纺中、细特棉纱。纱条通道大、质心低的钢丝圈，适合纺粗特棉纱，也适用于纺人造纤维纱或混纺纱。

第五节 钢领衰退气圈炸断头

钢领经过一段时间运转，会出现气圈膨大而猛烈撞击隔纱板、气圈形态变化剧烈的问题，造成毛羽、断头显著增加。这种因气圈膨大而产生的断头称为“气圈炸断头”，此时钢领也不能适应钢丝圈高速运转，称之为钢领衰退。钢领衰退出现的迟早与其材质、淬火质量、表面状态、锭速、钢领边宽、钢丝圈号数和卷装大小等密切相关。钢领衰退的实质，是其跑道表面摩擦因数的变大，仔细观察衰退的钢领跑道表面时，可见光亮的斑点，分析可知它是由摩擦热产生的金属熔结物破坏了钢领表面磨砂面，导致摩擦因数异常不稳定，锭间差异大而衰退。

第六节 钢丝圈运动状态的高速摄影

钢丝圈在钢领上高速运行时的倾斜规律及其在三维空间的倾角，我国学者周炳荣在其新作《纺纱气圈理论》中已有说明和近似估算，以 6802 型钢丝圈为例，结果见表 3.7。

表 3.7　管纱不同位置的钢丝圈在钢领三维空间倾角计算

管纱卷绕直径 d/mm	1	2	3	4	5	6	7	8	9
外倾角/(°)	11.193	13.415	14.820	17.302	18.435	19.525	20.599	21.689	23.612
超前角/(°)	0.361	0.541	0.687	1.065	1.326	1.665	2.126	2.788	4.723
前倾角/(°)	37.775	41.736	44.267	48.685	50.633	52.439	54.136	55.744	58.244

表 3.7 中管纱卷绕直径 d 由 1～9 表示逐渐增大情况可知：

(1)钢丝圈在钢领 3 个方向倾角都随卷绕角或管纱卷绕直径增大而增大；

(2)钢丝圈在钢领 3 个方向倾角中，以超前角的数值最小，前倾角的数值最大，外倾角的数值居中；

(3)最大前倾角和最大外倾角同时出现在管纱最大卷绕直径处。

理论计算的钢丝圈 3 个方向倾角与实际情况会有差异，为了比较精确地了解钢丝圈动态三维倾角的实际数值，应采取对钢丝圈的运行状态进行高速动态摄影的方法。单幅高速动态摄影的设备，包括脉冲氙灯、钢丝圈同步跟踪发生器，或闪光测速仪、DF 相机，等。14 tex 涤棉纱，卷装为(钢领直径×升降全程)ϕ45 mm×152 mm，锭速为 17.8 kr/min，钢领型号为 PG1，钢丝圈型号为 FU－30(11/0)，以一落纱中空管始纺、管底成形和满纱 3 个部位的大、小直径共 6 个测定点进行单幅高速动态摄影，来测定钢丝圈在一落纱中最大、最小的倾斜角，结果见表 3.8。

表 3.8　钢丝圈的三维倾斜角测定

钢丝圈的倾斜角	始纺位置		管底成形		满纱位置		钢丝圈的三维倾斜角/(°)	
	d_0	d_m	d_0	d_m	d_0	d_m	均值	变化范围
前倾角∠C				*			25.50	22.40～29.00
			*				22.50	19.40～25.30
						*	5.20	22.00～28.30
					*		20.50	16.10～25.10
		*					26.40	22.30～29.20
	*						4.50	22.20～29.40

续表

钢丝圈的倾斜角	始纺位置		管底成形		满纱位置		钢丝圈的三维倾斜角/(°)	
	d_0	d_m	d_0	d_m	d_0	d_m	均值	变化范围
超前角∠B				*			3.57	1.00～6.30
			*				3.12	1.00～6.00
						*	3.15	1.30～6.30
					*		2.22	0.00～5.00
外倾角∠A				*			12.30	8.00～15.00
			*				11.20	7.40～14.20

根据表 3.8 可作下述分析。

(1)钢丝圈在钢领上的三维空间倾斜角,最大的倾斜角是垂直面上的前倾角∠C,最小的是水平面上的超前角∠B,子午面上的外倾角∠A 居中。

(2) 钢丝圈在钢领上的三维空间倾斜角,皆是卷绕大直径位置略大于卷绕小直径位置,且差异均不大。

(3) 钢丝圈在钢领上的三维空间倾斜角实测值均小于理论计算值,尤其是垂直面上的前倾角∠C 的实测值约为理论计算值的一半,这充分表明“几何楔”的存在。“几何楔”存在的根本原因是钢领的内跑道曲面不适应钢丝圈自由运动的要求,这就表明钢领、钢丝圈接触面曲线也是直接影响钢丝圈三维空间倾斜角的主要因素,正确设计钢领、钢丝圈接触面曲线有积极意义。

应用连续式高速摄影机,可以获得钢丝圈连续运动状态,如图 3.10 所示。由图 3.10 不仅可以看出钢丝圈沿钢领高速滑动和三维空间倾斜运动,而且也可以看出钢丝圈的高频振动,其振动频率可以从钢领内跑道曲面上的周期性磨损(70～80条波纹状磨损)痕迹进行推算。以锭子转速为 17.7 kr/min、形成钢领周向 73 条波纹痕迹的实况为例,其高频振动频率 $f=(73\times17.7/60)$ kHz=21.535 kHz。即钢丝圈不仅在钢领内跑道上以不断变化的三维空间倾斜角环绕锭子轴线高速运动,而且还以约 21 kHz 的高频跳跃式前进。正是这种跳跃式高频振动,造成钢领内跑道曲面上周期性波纹状磨损。

钢丝圈在钢领上高速运行不是平稳的,而是呈跳跃式向前滑动,它的跳跃式程度与钢领、钢丝圈的几何形状、加工精度、材质和速度等密切相关。钢丝圈在钢领上的不良工作状态产生高温,使钢领跑道接触面局部退火,钢丝圈表面的高硬颗粒碎裂后附着在钢丝圈与钢领之间并形成微磨粒,这种微磨粒向钢领转移而划伤或压入钢领内跑道发生黏着磨损，以致造成钢领内跑道凹凸不平，又加剧了钢丝圈运行不平稳程度，引起纱条张力突变和飞圈，是造成细纱断头、毛羽和棉结的主要原因。

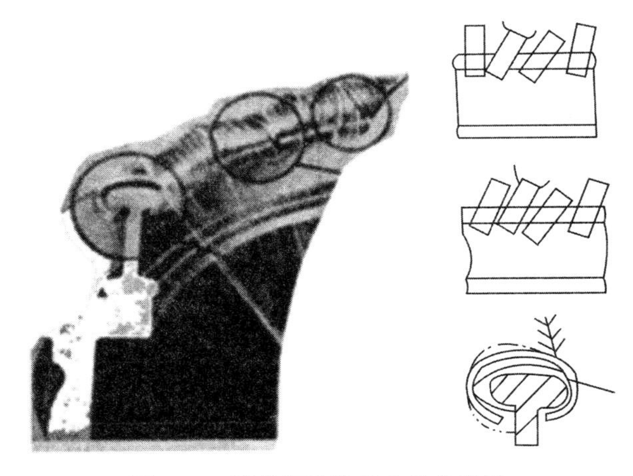

图 3.10　钢丝圈连续运动状态示例

第四章 钢领

第一节 钢领的分类

一、平面钢领

1. 平面钢领的分类

平面钢领是棉纺钢领的主流品种，其适应性强、量大面广。国内平面钢领按其边宽尺寸分为 2.6 mm，3.2 mm 和 4.0 mm 3 种，分别以 PG1/2，PG1 和 PG2 三种型号表示，以适用于纺不同纱号。PG2 型适纺粗特纱；PG1 型适纺中特纱；PG1/2 型适纺细特纱。各型平面钢领截面的几何形状如图 4.1 所示。

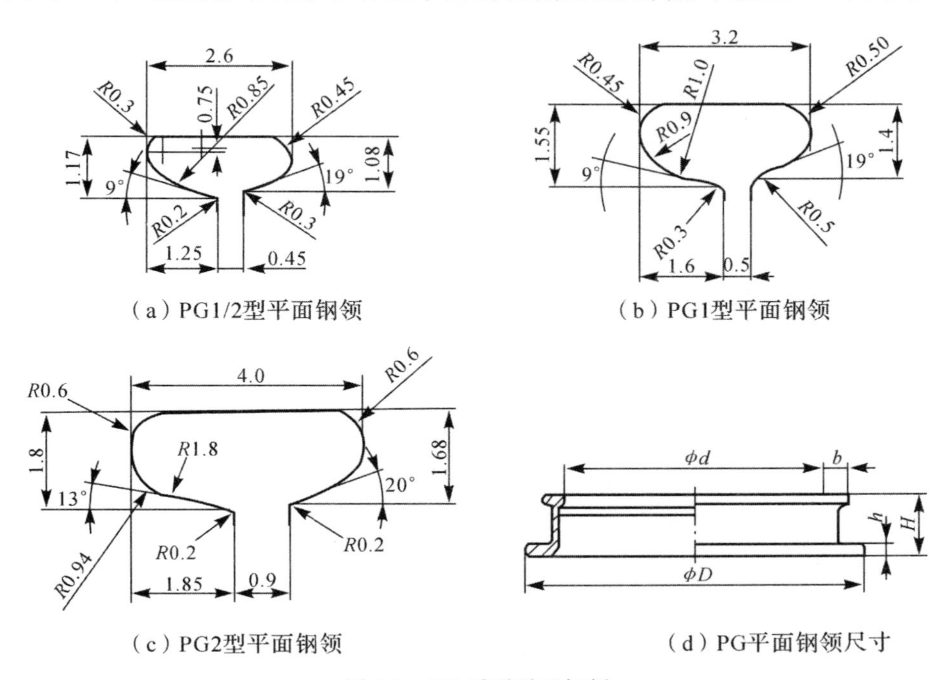

（a）PG1/2型平面钢领　（b）PG1型平面钢领

（c）PG2型平面钢领　（d）PG平面钢领尺寸

图 4.1　PG 系列平面钢领

2. 平面钢领的标记

平面钢领的标记方法由 FZ/T 92018—2011 给出。

国产 PG 系列平面钢领产品型号、尺寸规格见表 4.1。

表 4.1 PG 系列平面钢领产品型号及尺寸规格

钢领型号		b/mm	d/mm	D/mm	H/mm	适纺品种及号数/tex
PG1/2	3254	2.6	32	54	10	棉、化纤、混纺 18.2 及以下
	3547		35	47		
	3551		35	51		
	3554		35	54		
	3847		38	47		
	3851		38	51		
	3854		38	54		
	4251		42	51		
	4254		42	54		
PG1	3544	3.2	35	44	10	棉、化纤、混纺 32.4～13.0
	3547		35	47		
	3551		35	51		
	3554		35	54		
	3847		38	47		
	3851		38	51		
	3854		38	54		
	4251		42	51		
	4254		42	54		
	4554		45	54		
	4857		48	57		
	4860		48	60		
	5160		51	60		
PG2	4554	4.0	45	54	10	29.2 及以上
	5160		51	60		
	6070		60	70		

二、锥面钢领

国内锥面钢领型号有 ZM6 型、ZM9 型和 ZM20 型等，锥面钢领是平面钢领技术的发展，其主要特征是钢领内跑道为双曲线（曲率半径大）、呈 55°倾角，金属钩与钢领呈下沉式配合，钢领截面的几何形状和外形尺寸规格及其金属钩与钢领配合如图 4.2 和图 4.3 所示，具有抗楔性较好，运转中钢领与金属钩上、下两点接触，且下接触点面积大，钢领与金属钩接触压强小、耐磨性强、散热性好、纱条通道宽的优点，适合纺制不耐热的合成纤维及其混纺纱，且钢丝圈线速度不低于 40 m/s。

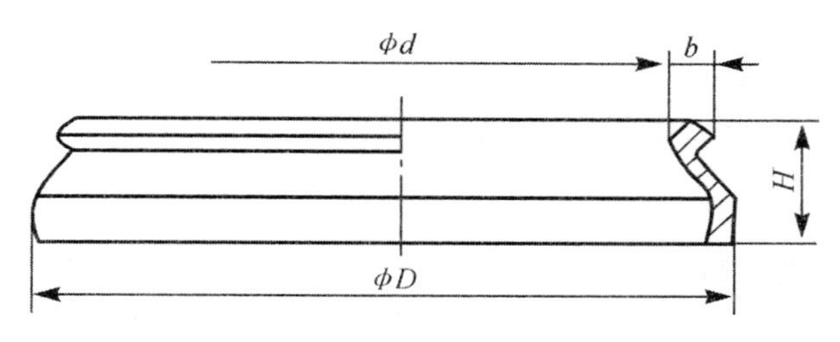

图 4.2　ZM 型锥面钢领

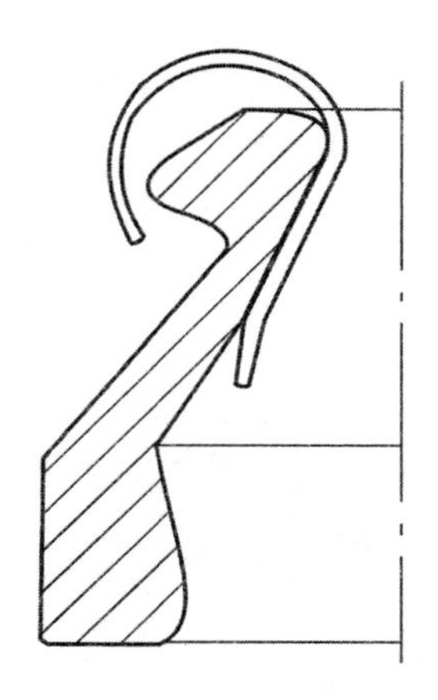

图 4.3　锥面钢领与金属钩的配合

国产 ZM 系列锥面钢领产品型号、尺寸规格见表 4.2。

表 4.2　国产 ZM 系列锥面钢领产品型号及尺寸规格

钢领型号		b/mm	d/mm	D/mm	H/mm
ZM6	38472A	2.6	38	47.2	7.5
	42502A		42	50.2	
	45532A		45	53.2	
ZM6	4251		42	51.0	10.0
	4254		42	54.0	
	4554		45	54.0	
	5160		51	60.0	
ZM20	42502A		42	50.2	7.5

三、BC 型下支承锥面钢领

BC 型下支承锥面钢领为我国独创，并与 BC 型锥面钢丝圈配套使用。其优点有：一是两者多点接触，使钢丝圈运行稳定、控制气圈能力强、纱线张力波动小，从而成纱毛羽少、断头少；二是钢领与钢丝圈接触面积较大，具有压强小、耐磨性强、散热性好、纱条通道宽和使用寿命长等优点；三是特别适合大卷装纺纱。

BC 型下支承钢领截面的几何形状如图 4.4 所示，其型号、尺寸规格见表 4.3。

图 4.4　BC 型下支承锥面钢领与钢丝圈的配合

表 4.3 国产 BC 型下支承锥面钢领产品型号及尺寸规格

钢领型号		b/mm	d/mm	D/mm	H/mm	适纺品种及号数/tex
BC6,BC7	3547	3.1	35	47	10	棉、化纤、混纺 9.7 以上
	3551		35	51		
	3554		35	54		
	3847		38	47		
	3851		38	51		
	3854		38	54		
	4251		42	51		
	4254		42	54		
	4554		45	54		
BC9	3854	2.5	38	54	10	棉、化纤、混纺 18.2 以下
	4054		40	54		
	4254		42	54		
	4554		45	54		

第二节 钢领材质的选择

钢领材质的选择过程如下。

1. 普通碳素钢钢领

普通碳素钢(低碳)钢领的制造工艺流程:冷冲压毛坯→粗车成型→精车→轧光→热处理(渗碳淬火)→抛光→上油。

2. 钛合金钢领

在普通碳素钢的基础上,钢材冶炼时加入钛金属元素,使材料内部晶粒细化、组织致密、性能增强、耐磨性提高,使用寿命延长。该产品的性价比适合当前棉纺企业“中速、中卷装”生产。其制造工艺和普通碳素钢钢领相近。

3. 轴承钢钢领

采用 GCr15 轴承钢制造的钢领,淬火后的隐晶马氏体要大于 70%、残余奥氏体组织应不大于 5%,马氏体组织应不大于 3 级,其内在组织比钛合金钢领更加紧密、耐磨和抗疲劳性强,使用寿命长。

4. 高精度轴承钢钢领

高精度轴承钢钢领的制造工艺流程：钢管→粗车→数控机床加工中心精加工→后处理。采用优质轴承钢材料，通过高精度数控机床加工的钢领跑道一次成型，误差不大于 0.01 mm，产品圆度、平面度、平行度、一致性好，经高质量的热处理淬火和先进技术抛光；再经特种硬铬表面光亮处理后，钢领整体显微维氏硬度为 950 HV～980 HV，具有很高的耐磨性，使用寿命最长。

不同钢材钢领的使用寿命见表 4.4。

表 4.4　不同钢材钢领的使用寿命

钢　材	普通碳素钢	铬合金钢	钛合金钢	轴承钢	高精度轴承钢
使用寿命/a	0.5～1.0	0.7～1.5	1.0～2.0	2.0～3.0	3.0～5.0

第三节　钢领的制造工艺

一、主要制造流程

目前，国内制造钢领的主要流程为机械加工、热处理及表面处理等。

以重庆金猫纺织器材有限公司用钢带制造钢领为例，其工艺流程：落料拉伸→冲孔→克平→窜光→车底外圆及底平面→底平面刻字→精车内、外跑道及顶平面→轧光→检验→热处理→表面抛光→检验→表面处理→成品检验→包装入库。

1. 落料拉伸

所用钢带的尺寸规格为 2.5 mm×135 mm(厚度×宽度)，根据所加工钢领的尺寸规格来选择冲压模具；将落料的上、下模具装在冲床上，由冲床对钢带进行冲裁，然后与落料下模芯一起对冲裁下来的制件拉伸为半成品，检查底外圆直径和高度尺寸。

2. 冲孔

将冲孔用上、下模具安装在冲床上，把前工序的半成品放入冲孔模具中，由冲床对该产品进行冲裁，以获得该工序的内孔尺寸。

3. 克平

将克平工序的上、下模具安装在 100 t 冲床上，把冲孔后的半成品放入克平模具中，由克平工序的多个模具对坯件进行模具封闭空间内锻压成型，以获得后工序加工所需坯件的各种尺寸。主要控制：高度、顶外圆直径、内壁直径、外壁直径及顶面对底面的平行度等。

4. 窜光

由于冲裁剪切部位存在毛刺，去毛刺处理是将克平后的钢领装入窜光桶内，以 60 r/min 的转速滚窜约 20 min，以去掉冲压毛刺。

5. 车底外圆及底面

将窜光后的半成品装在车床的不停车夹具中，主轴转速为 500 r/min，用专用刀具对钢领的底外圆和底面进行车削，应检查总高度、底座厚度、底外圆直径及圆度、外圆倒角及车削加工后的表面粗糙度。

6. 底平面刻字

将钢领的底面朝向刻字针的方向，在底面上呈扇形分布刻上产品的制造厂家及生产日期。

7. 精车内外跑道及顶面

将钢领半成品的底外圆装夹在不停车夹具中，用内跑道刀、外跑道刀及平面刀同时进给，加工钢领内、外跑道及顶面；车削时用冷却液降低刀具的切削温度，以延长刀具的使用寿命。加工后重点检查的尺寸有内跑道的深度、边宽、壁厚、高度、内径圆度和表面粗糙度等。

8. 轧光

选用轧光机床和对内跑道进行轧光的内轧辊、对外跑道轧光的外轧辊及普通轴承作平面轧辊，将上工序半成品放入轧光区域，由 3 只轧辊同时对跑道作冷挤压加工。该工序除了获得内深、边宽、壁厚、内径圆度、高度、内孔径等尺寸外，还有两个重要的目的，一是冷挤压获得极高的表面粗糙度，二是相同的跑道几何形状，这两个指标对钢领的使用效果非常重要；特别是跑道的几何形状特殊、不对称，大批量生产不能逐只检查跑道的几何形状，只能依靠成型的轧辊加工出统一的内外跑道。

9. 检验

对经过轧光后半成品的尺寸、表面粗糙度进行检查，特别是内跑道表面不得有裂纹及影响使用的擦伤、碰痕、方向性丝路等缺陷，在外跑道及顶面不得有缺口、碰伤等影响使用的外观缺陷。

10. 热处理

20钢钢领易于机械切削加工，但为使钢领表面耐磨，其表面洛氏硬度应不低于81.5 HRA，还应进行渗碳淬火热处理，以延长其使用寿命、降低制造成本。轴承钢钢领的热处理工艺：淬火温度为830 ℃～850 ℃油冷、150 ℃～180 ℃回火，硬度不小于60 HRC，采用835 ℃淬火，升温0.5 h，保温0.5 h，回火160 ℃，保温3 h。

11. 表面抛光

为了提高热处理后的钢领表面粗糙度及光亮度，钢领还必须进行抛光处理：将钢领装入抛光罐中，加入适量的圆柱形、三棱柱形磨料和由多种化工原材料配制而成的磨削液，抛光罐装入行星式抛光机中进行抛光，钢领在抛光机的抛光罐中既自转又公转，磨料不断地对钢领表面进行磨削，从而获得细腻的钢领表面。

12. 检验

对每只抛光钢领跑道内径圆度进行检测，再检测顶面的平面度、表面粗糙度及各几何尺寸。

13. 表面处理

根据客户的不同要求，钢领的表面处理主要包括普通电镀(D)、精密电镀(JD)、复合处理(FH)、黑氮处理(HD)、黑金刚处理(GHJ)和陶瓷处理(TC)，等。

14. 成品入库检验

表面处理后的钢领根据企业标准进行检测，特别关注钢领内跑道的擦伤、碰痕、裂纹、方向性丝路等缺陷，在外跑道及顶面不应有缺口、碰伤等影响使用的外观缺陷，合格产品方可包装入库。

钢领制造精度就是控制钢领的形位公差，其中，钢领内跑道成型、内径圆度、顶面对底面的平行度最为重要，应符合行业标准FZ/T 92018—2011。

钢领表面处理的目的是提高其抗氧化、防腐蚀能力，并获得较小的摩擦因数；摩擦因数的稳定性和一致性要求更高，这是高速钢领应达到的性能指标。摩擦因数小，可采用较厚重钢丝圈，有利于延长使用寿命；摩擦因数稳定和一致性高，有利于正常气圈控制、缩小锭差，生产高品质纱线。只有经过优化处理的钢领才能获得高性能，为此，将最先进的表面处理技术应用在钢领上，使其表面光滑、摩擦因数小(0.08～0.12)，稳定性和一致性好。

国产棉纺钢领表面处理工艺，经历抛光、水磨（麻面钢领）、镀铬、非晶体（激光处理）、表面涂层（减摩及自润滑）、亚光、渗硫等物理、化学处理，纳米技术表面处理钢领也在研制中。

抛光处理又有普通镜面抛光、普通亚光、普通自润滑、高级自润滑、超级自润滑及高精度超级自润滑处理等，除普通镜面抛光外其余均为亚光处理。亚光处理后的钢领表面具有极微小毛细孔，改善了钢领、钢丝圈的摩擦性能，缩短走熟期，降低断头、减少毛羽。随着表面处理技术的不断升级使新钢领的走熟期也逐渐缩短，经特殊工艺设备加工制成的高精度超级自润滑钢领表面摩擦因数小且稳定，走熟期极短，稳定性最佳，断头少、毛羽少。

二、钢领的类型

根据表面处理，钢领可分为下述几种类型。

1. 光面钢领

光面钢领只经抛光改变钢领表面形态，比传统的麻面钢领表面光洁、无明显加工痕迹、残余应力小，抗黏着、抗疲劳、耐磨损。TW 超光洁钢领表面硬度不低于 84 HRA，表面粗糙度 Ra 值为 0.32 μm～0.16 μm，其组织更加细化。

2. 镀铬钢领

镀铬钢领用电镀硬铬工艺，使钢领表面的硬铬层硬度高、耐磨损、不锈蚀，使用寿命长，使用中还会在表面生成一层起润滑作用的氧化膜，能抗疲劳裂纹、抗黏着磨损；但硬铬层硬度高、抗磨损能力强，上车后钢丝圈很难与之磨合而使其走熟期长。近年来，随着镀铬、抛光工艺的进步，上车前涂润滑脂和加强抛光等方法来改善钢领表面粗糙度、缩短钢领走熟期。电镀硬铬工艺对人体危害及废水污染问题，限制了其发展。

3. 化学涂 NiP 和浸涂 MoS 钢领

通过化学反应在钢领表面形成 NiP 涂层，提高钢领表面镀 Ni－P 的硬度和耐磨性，在 Ni－P 合金镀层里添加硬度较大、耐磨性较强的 Al_2O_3，SiC 等人造金刚石微粒，然后再增加一道 MoS 浸涂工序；钢领硬度较高、耐磨损、表面摩擦因数小；耐腐蚀而适于高湿高温环境中使用；表面平整光滑、摩擦因数小，走熟期短。

4. PVD 和 PACVD 真空超硬金属陶瓷薄膜沉积层处理

在钢领表面的 DLC 类金刚石涂层、TiN（氮化钛）涂层、TiCN（碳氮化钛）

涂层、TiAlN(氮铝化钛)涂层、ZrN(氮化锆)涂层、CrN(氮化铬)涂层、TiBN(氮硼化钛)涂层等优良的复合沉积,钢领表面耐磨,而且使用寿命长。

5. 激光非晶态钢领

脉冲激光照射使钢领跑道表面产生极薄的一层金属熔融层并急冷凝固,在钢领表面形成一层非晶态及枝晶化的金属组织,可使钢领表面硬度不低于1000 HV,同时减小了表面的摩擦因数,不仅提高钢领的耐磨性,而且也能缩短钢领走熟期。

6. 自润滑耐磨钢领

采用具有自润滑性能的固体微粒与金属分子共同沉积、渗入在钢领表面并形成一层十分牢固的耐磨自润滑膜,摩擦因数小而稳定、走熟期短,纺纱性能好;耐磨损,大大延长钢领使用寿命。

7. 超声波减磨钢领

利用超声波振动使钢领表面在极短时间内迅速形成一层分子厚度的氧化层,并随时间逐步加厚。此氧化层减小了钢领与钢丝圈之间的摩擦因数,使钢丝圈近似于浮在钢领表面,几乎处于无摩擦状态,可减少其黏着磨损。

8. 陶瓷钢领

钢领采用高性能陶瓷制造,由于材料具有高抗附着磨损性能,耐腐蚀,硬度高,在高温高负载情况下钢领和钢丝圈不会“软化”,而且钢领无走熟期,可明显提高钢丝圈使用寿命、改善成纱质量。

9. 纳米镀膜钢领

钢领采用固体薄膜保护剂,以润滑剂和金属缓蚀剂相结合的纳米镀膜新技术,经特殊处理后在钢领表面形成一层完整固体薄膜,能隔绝空气与水分等介质与金属表面的接触,使钢领具有良好的防腐蚀性能。薄膜能与钢领表面形成一种多层次、多分子化学键结构,其厚度约为20 nm,有很强的自润滑特性而使钢丝圈在钢领表面的干摩擦转化为在一层非金属薄膜上的润滑摩擦。这种新型钢领显著降低纺纱过程中钢领表面的摩擦因数,几乎一上车即进入高速状态,可满足不同纺纱需要。

重庆金猫纺织器材有限公司根据客户要求对钢领作相应的表面处理,目前主要包括普通电镀(D)、精密电镀(JD)、复合处理(FH)、黑氮处理(HD)、黑金刚处理(GHJ)、陶瓷处理(TC)等。

第五章　钢丝圈

第一节　平面钢领用钢丝圈

钢丝圈虽然是环锭细纱机上最小的纺纱器材，但却是加捻卷绕机构的关键零件，它不仅与钢领、锭子配合完成加捻、卷绕作用，更重要的是在纺纱过程中通过调整钢丝圈型号及号数来控制纱条张力，稳定气圈形态，达到卷装成形好、断头少、成线质量好，以及实现高速高产的目的。

一、钢丝圈号数与系列

平面钢领用钢丝圈品种。根据我国纺织行业标准 FZ/T 93002—2002《附录 A》，平面钢领用钢丝圈按其圈形与英制号数系列可分为 3 个系列，用大写的拉丁字母表示：

G 系列：包括 O，G，GO 圈型等钢丝圈；

O 系列：包括 CO，OSS，W261 圈型等钢丝圈；

GS 系列：包括 6903，BU，FO，BC6 圈型等钢丝圈。

按截面形状可将钢丝圈分为圆形（代号为 r）、矩形（代号为 f）、弓形（代号为 g）、瓦楞形（代号为 w）、瓦楞背扁脚（代号为 wf）和瓦楞形开天窗（代号为 wt）等。

长期以来，我国使用的钢丝圈号数系列有两种，一种是以格林为单位计量的英制号数系列；另一种是以 1000 个同型号钢丝圈公称质量的克数值定义，我国现行的纺织行业标准 FZ/T 93002—2002《纺纱和捻线用钢丝圈》即以 1000 个同型号钢丝圈公称质量的克数值定义钢丝圈的号数。

钢丝圈圈形类别、截面形状、号数系列见 FZ/T 93002—2002 中规定。

二、钢丝圈的运转性能

1. 钢丝圈的基本尺寸

棉纺用钢丝圈的基本尺寸，如图 5.1 所示。

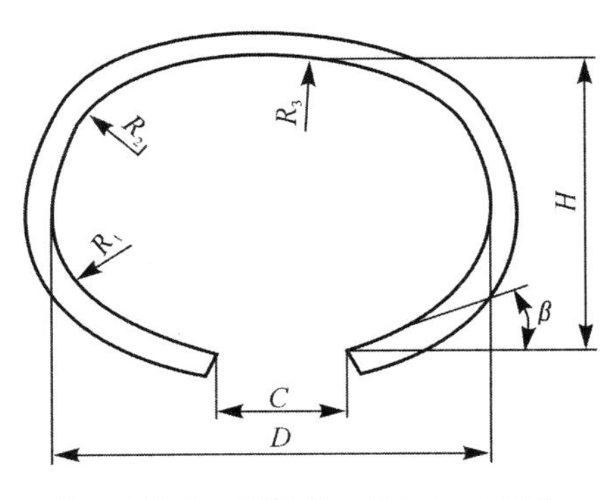

H—高度；D—宽度；C—开口；β—内倾角。

图 5.1 钢丝圈几何尺寸

2. 钢丝圈的基本尺寸与运转性能

钢丝圈的基本尺寸对其运转性能的影响见表 5.1。

表 5.1 钢丝圈基本尺寸与运转性能

基本尺寸		钢丝圈运转性能及其影响
H/D	大	质心高，离心力矩大，易外倾楔住；磨损位置下移，散热性能差，易飞圈；但纱条通道宽畅
	小	质心低，离心力矩小，运转平稳；磨损位置上移，散热性能好；但纱条通道不畅、拎头重
C	过大	易从钢领飞脱(与烧毁飞圈不同)
	过小	套圈困难
β	大	竖直方向倾斜自由度大，抗楔性能好；磨损位置上移，不利纱条通道；但有利减少飞圈
	小	竖直方向倾斜自由度小，抗楔性能差；磨损位置下移，纱条通道好；但易增加飞圈

续表

基本尺寸		钢丝圈运转性能及其影响
R_1/R_2	>1	新圈上车1点接触，走熟快，磨损少，飞圈少；但控制气圈能力差
	≤1	新圈上车2点接触，走熟慢；但控制气圈能力强，耐磨，寿命长

3. 钢丝圈截面形状与适用范围

钢丝圈截面形状与适用范围见表5.2。

表5.2 钢丝圈截面形状与适用范围

钢丝圈截面形状	钢丝圈截面的主要特性	适用范围	钢丝圈型号
r	纱条通道光滑、张力比及张力小，但与钢领接触面积小，钢丝圈运行不稳定，散热性能差，线速度低	特细特棉纱 化纤纱	YC
f	改善润滑，与钢领接触面积适中，运行稳定性、散热性能较圆形截面好，毛羽少，但张力比有所增大	纯棉纱	6701,6802, FO,CO,OSS
w	与钢领接触良好，通道宽畅，散热、抗楔性能良好，走熟期短，适应高速，毛羽略多	化纤纱，混纺纱，棉纱	W321,FU,HJ
g	增加中间截面厚度，具有瓦楞形截面性能，增加耐磨性，延长使用寿命，狭宽弓形 udr 适应高速化生产	化纤纱，混纺纱，细特棉纱	BU,RSS, ZB-1,ZB-8
fr	综合圆形和矩形截面的优点，扁形脚可保持与钢领良好接触，圆形圈身保护纱线通道中的纤维	涤纶包芯纱、腈纶与精细纤维	HC
wf	综合瓦楞形和矩形截面的优点，通道宽畅，控制气圈能力强，寿命长	粗号棉纱	GO
ft	保持矩形截面的特点，降低质心，改善散热性能，但易粘纤维	纯棉纱	6903,7201
wt	保持瓦楞形截面的特点，降低质心，改善散热性能，但易粘纤维	纯棉纱	WT772

4. 钢丝圈截面形状与运转性能

常用截面形状与运转性能见表 5.3。

表 5.3 钢丝圈截面形状与运转性能

钢丝圈截面（宽厚比）	钢丝圈运转性能								
	与纱条摩擦因数	T_W/T_R	与钢领接触面积	走熟期	纱条通道	散热性能	运行性能	纱条表面	允许线速度
圆形	0.27	1.5	小	短	宽畅	差	不稳	毛羽多	低
矩形 2∶1～4∶1	0.29～0.31	1.7	中	中	较狭窄	中	稳	毛羽少	中
矩形 5∶1～7∶1	0.34～0.36	2.0	大	长	狭窄	好	稳	毛羽中等	中
瓦楞形，弓形 3∶1～6∶1	0.31～0.34	1.7～1.9	中	短	较宽畅	好	较稳	毛羽略多	高

第二节 锥面钢领用锥面钢丝圈

一、国产锥面钢领用锥面钢丝圈

国产锥面钢领用锥面钢丝圈如图 5.2 所示。

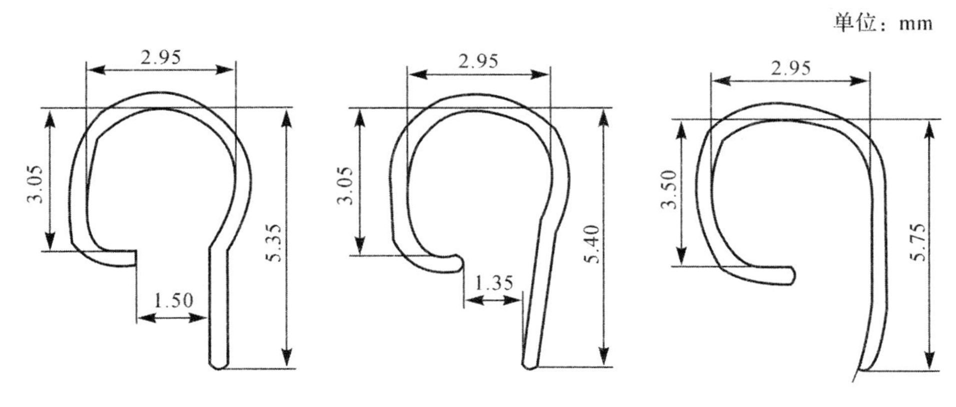

图 5.2 锥面钢丝圈的型式

锥面钢丝圈以近似直线段接触锥面钢领内壁，其抗楔性能好，运转中钢领与锥面钢丝圈上、下两点接触，其运行平稳且具有下接触面大、钢领与锥面钢丝圈接触压强小、耐磨性强、散热性好、纱条通道宽等优点，适合纺制不耐热的合成纤维及其混纺纱，锥面钢丝圈线速度可达到40 m/s及以上。但在纺中、粗号纱时，易缩短钢领的使用寿命，且落纱时易脱圈而影响其推广价值。

二、国产BC型下支承锥面钢领和BC型锥面钢丝圈

BC型下支承锥面钢领和BC型锥面钢丝圈配合示意如图5.3所示。

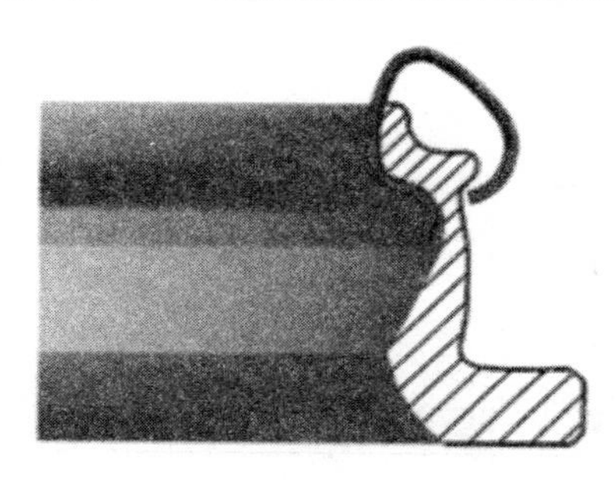

图5.3 BC型下支承锥面钢领和BC型锥面钢丝圈配合示意

BC型下支承锥面钢领（BC6型、BC7型、BC9型）和配套使用的BC型锥面钢丝圈（BC6型、BC6W型、BC9型）已取得国家发明专利，是目前国内外开发和推广最成功的锥面钢领和钢丝圈，在化纤、混纺、绢纺等方面具有突出的纺纱优势。其主要纺纱性能优势有以下3个方面。

（1）钢领和钢丝圈使用周期长。钢领和钢丝圈工作区域多点接触，二者接触面积是普通平面钢领和钢丝圈的2～3倍，单位面积上压强小，钢丝圈散热好，寿命长，适合高速纺纱。

（2）卷装特性和张力特性好，适合大卷装。纺纱张力和张力波动可比同等条件下的平面钢领、钢丝圈小10%～20%，钢丝圈前倾角小，纱线通道大，抗契性能好。

（3）适纺纱号品种范围广，翻改品种时可以不换钢领。对不同地区、不同工艺条件的适应性特别好，对温湿度变化不敏感。

第三节 钢丝圈的材质

钢丝圈材质的选用，主要考虑如何适应高速并延长使用寿命，尽量减少钢领磨损，同时要便于制造成型；因此，钢丝圈的材质应具有一定的弹性、硬度和耐磨性，硬度为650 HV～700 HV，低于钢领的硬度以保护、延长钢领的使用寿命。

高速钢丝圈的材质选用高碳合金钢制造，该材料是在高级碳素钢的基础上，添加既能细化钢材的晶粒，又能提高耐高温性能的金属元素，如W(钨)、Mo(钼)、V(钒)等，丰富了产品中马氏体的含量，增加了含合金元素的碳化物，同时使表面较细密、光滑，进一步提高了钢丝圈的耐磨性和使用寿命。该材料含碳量虽高，但仍有足够的弹性，硬度也适当。如选用T9优质高级碳素钢材料制造的钢丝圈，其组织细密、碳化物多、耐磨性好，钢丝圈的使用寿命可延长1/3～1/2。

目前，钢丝圈热处理工艺中球化退火工艺采用较为先进的真空炉热处理设备，能有效控制原材料的表面氧化和脱碳问题，从而提高钢丝圈的耐磨性。

第四节　钢丝圈的加工工艺与热处理设备

一、钢丝圈制造工艺流程

以重庆金猫纺织器材有限公司为例，其钢丝圈制造工艺流程：

钢丝坯料→钢丝精拉拔→精压片材→片材球化退火→成型→热处理→水磨抛光→精抛光→表面处理→亮抛→精选包装→成品入库。

二、钢丝圈工艺简介及使用设备

1. 钢丝坯料

钢丝坯料有T9A优质碳素工具钢、80WV优质合金钢、轴承钢和进口合金钢丝。

2. 钢丝精拉拔

利用模具将钢丝坯料在拉丝机上轻拉拔至所需工艺尺寸。

3. 精压片材

精压片材在专用高精密多联轧机生产线上进行，叉车将检验合格的精拉拔钢丝抬起放在上料圈上，并锁紧。操作面板的设定：选中控制面板屏中的润滑泵、电源按钮；依次调节联动比，下放料卷直径的切除开关，使其切换成投入状态；调节操作模式开关，将运行模式开关拨到点动。将钢丝置于高精密轧机生产线上、下压辊间，调节各压辊，使其片材尺寸达到标准要求，宽度偏差为

±0.015 mm,厚度偏差为±0.005 mm。在开机生产过程中应定期检查片材尺寸是否符合形位公差标准要求,当片材卷径及质量达到规定要求时下料。

将原来传统的拉片和压片两道工序合并为一个精压片材工序,使钢丝圈生产周期缩短 5 d～7 d;同等月产量,减少用工 4 人～5 人,降低了生产成本,同时产品质量稳定并大幅提升,生产环境得到明显改善。

4. 片材球化退火

片材球化退火工序在罩式退火炉中进行。将精压片材装入多层料盘再放入炉内,扣上炉罩,通入循环水;密封后抽真空、紧固螺帽;打开氢气阀向炉内送入氢气分解气体,并确认氢气合格;经加热升温→油烟排放→再加热升温→保温→冷却→抽真空→出炉等工序,完成片材球化退火。

相对于传统井式退火炉退火工艺,经罩式退火炉球化退火工艺的片材硬度均匀性好,同圈片材硬度差异小于 15 HV0.2,达到降低成型加工难度、提高成型效率、避免片材表面脱碳问题,利于钢丝圈后续热处理工艺。

5. 成型

成型工艺在钢丝圈成型机上进行。根据工序计划流转:① 校对成品片材宽、厚尺寸及标准质(重)量,检查表面质量;② 制作钢丝圈成型有关的零配件;③ 调试钢丝圈成型机的工艺参数,直至加工的钢丝圈基本尺寸、平面度、对称度、表面质量和端面切口等技术指标达到生产工艺标准要求;④ 钢丝圈成型操作。

6. 盐淬热处理

盐淬热处理工艺在进口的 P80 型热处理多用炉中进行。盐淬热处理工序有以下几个步骤:① 检查设备、加工准备——确认设备水、电、气、设备状态和温度的正常,在计算机上建立生产工艺并激活;② 对上工序来料按型号规格分类,依据盐淬工艺参数表,进行热处理加工;③ 冷却与清洗:钢丝圈经过淬回火后,出炉冷却至其表面无液态盐滴落,即可对钢丝圈表面残余盐液进行清洗。

7. 水抛光处理

水抛光处理在行星式抛光机上进行。装桶抛光后的钢丝圈表面应清洁、光滑、无毛刺,手感细腻,并可利用专用分离机对钢丝圈和磨料进行完全分离。

8. 精抛光

精抛光在托盘离心式研磨抛光机上进行。对水抛光后的钢丝圈再进行精抛光;精抛光原料为核桃砂。

9. 表面处理

钢丝圈的表面处理方式主要有以下几种。

(1)普通电镀表面处理:适用于普通钢丝圈,镀层主要成分为镍钴合金,镀层厚度不小于 2 μm。

(2)SP 表面处理:对普通电镀钢丝圈再采用特殊的润滑镀覆技术处理,以增强钢丝圈表面润滑性,延长使用周期。

(3)NT 表面处理:高耐磨纳米表面处理方式,使钢丝圈耐磨性显著增强,适宜纺中细号纱。

(4)BS 表面处理:经 BS 表面处理技术处理后的钢丝圈称为"蓝宝石钢丝圈",BSb 系列钢丝圈采用 80WV 优质合金钢制造,BSc 系列采用进口合金材料制造,BSd 系列采用轴承钢制造。采用表面扩散处理新技术,使得钢丝圈的耐磨性和稳定性显著提高,适纺各种纱线,尤其是集聚纺和高速环锭纺。

(5)TP 表面处理:经 TP 表面处理技术处理后的钢丝圈称为"黄晶钢丝圈"。该技术获得了国家发明专利,适用于高速集聚纺和高速环锭纺,其优异的纺纱性能和极佳的性价比,完全可替代进口。

(6)RF 表面处理:经 RF 表面处理技术处理后的钢丝圈称为"黑金刚钢丝圈"。该技术是重庆金猫纺织器材有限公司近期与国内知名大学多年合作研发的一种复合表面处理技术,产品投放市场以来得到用户的好评和认可,目前已大批量制造。黑金刚钢丝圈是高速集聚纺和高速环锭纺配套钢丝圈的首选,其优异的纺纱性能和极佳的性价比,完全可以替代进口。

10. 亮抛处理

亮抛处理即对表面处理前或后的钢丝圈进行精密研磨抛光,在抛光磨料中加入专用润滑油,以提高钢丝圈表面粗糙度和光滑度。

11. 精选包装入库

将钢丝圈分散摊放在专门设计制作的工作平台上,挑选出混杂在钢丝圈中的极少量的杂圈、烂圈和杂物等,经检验合格后,即可包装入库。

第五节　钢丝圈的表面处理技术

对钢丝圈进行表面处理的主要目的是提升产品质量,提高耐磨性、稳定性与光滑性,并防锈。经表面处理后的钢丝圈的表面状态和运行状态得到改善,可缩短走熟期、适应高速运行,并延长使用寿命。钢丝圈表面的质量状况是影响纺纱质量的重要因素之一,适宜的表面处理方法能在很大程度上提升钢丝圈的使用性能。

钢丝圈表面处理方法较多，常用的表面处理方法有电镀、化学处理和润滑剂处理。电镀处理是通过电流浴，使钢丝圈表面镀上一种或几种其他金属，如镍、镍钴和镍银等；化学处理能改变表面性能，以减少摩擦和划痕；润滑剂处理是将固体润滑剂（如二硫化钼）通过适当方法，如采用加温渗透法渗入钢丝圈表面，以改善其摩擦性能。钢丝圈表面处理技术还有镀氟、渗硫、渗硼、涂纳米级陶瓷涂料、超高精度抛光等。

一、电镀镍表面处理技术

电镀镍处理是目前使用最为广泛的表面处理技术，其主要功能是提高防腐蚀性，使钢丝圈具有一定的耐磨性；但由于电镀镍技术的工艺局限性，镀层质量难以达到理想的纺纱功能要求，如走熟期长、使用周期短，毛羽、棉结和条干等指标难以达到技术要求等。为了进一步提高钢丝圈的耐磨性，也有制造厂采用复合电镀或多元合金电镀技术，以此来增强镀膜层的耐磨性、自润滑性，提高其使用寿命，缩短走熟期，提高纺纱质量，如电镀 Ni－PTFE/MoS_2/金刚石，Ni－W、Ni－P、Ni－W－P 或多层功能梯度涂层表面处理等，并取得了一定的效果。目前，这些技术的镀层成分较难控制，造成产品批间镀层性能差异较大，使成纱质量指标不稳定，也不是钢丝圈表面处理采用的主要技术。

二、扩散渗透处理技术

扩散渗透处理，是目前最环保、纺纱性能较好的功能性表面处理技术。该技术无污染物产生，值得推广应用。扩散渗透处理技术，是采用特殊的热处理设备将 W，V，Mo 等过渡族合金元素，通过热力学原理扩散渗入钢丝圈基体内，提高其物理机械性能，以提高钢丝圈的使用性能，如耐磨性、自润滑性等。

采用该技术处理的钢丝圈表面呈蓝色，故行业内称为“蓝宝石钢丝圈”，如重庆金猫的 BS（蓝宝石）钢丝圈系列、瑞士布雷克、印度拉丝美的蓝宝石系列。与一般的氧化处理相比，扩散渗透处理技术能把具有某种功能性的元素渗入钢丝圈基体，形成特殊的金属化合物或碳化物来提高钢丝圈的性能；而一般的氧化处理技术仅仅是在钢丝圈表层形成一层纳米级厚度的发蓝膜，该膜层无法从根本上提高钢丝圈的性能，只能起简单的防腐蚀作用。

通过扩散渗透技术处理的钢丝圈还要经过特殊化学物质浸镀处理，才能实现钢丝圈表面的最佳润滑性能，使其上机即可开高速而大幅提高生产效率；即使当表面膜层受到影响时，钢丝圈仍可发挥最佳使用功能。

三、化学复合镀处理技术

化学复合镀处理技术是采用化学镀的原理，在溶液中加入具有特殊功能性的微纳米粉体，如 PTFE，MoS_2，TiO_2 等，与金属元素共沉积形成复合镀层。

目前，普遍采用的化学镀工艺有 Ni－P＋粉体和 Ni－B＋粉体，该工艺的主要难点在于粉体的均匀分散和共沉积。为了达到这个目的，必须采用合适的表面活性剂，并具有良好的循环搅拌系统，以使微粒均匀分散在镀层中。为了适当提高镀层的硬度，还须进行一次热处理。与复合电镀相比，化学复合镀的镀层厚度均匀、硬度较高；其镀层具有耐磨、自润滑、使用寿命长等特点，使钢丝圈上车纺纱无走熟期，毛羽、断头、飞圈等显著减少。重庆金猫制造的 TP（黄晶）钢丝圈系列产品就采用了化学复合镀处理技术。

四、其他表面处理技术

除以上几种钢丝圈表面处理技术外，还有少数钢丝圈制造厂使用镀氟处理、涂覆 MoS_2 处理等技术，这些工艺处理的钢丝圈能在一定程度上提高纺纱性能，但涂层与基体为物理结合而使性能的发挥时间短，对降低毛羽、棉结和条干等指标的效果不明显。另外还有渗氮、渗硫、激光非晶化处理技术等。

采用不同表面处理技术的钢丝圈性能特点见表 5.4。

表 5.4　不同表面处理后钢丝圈的性能对比

表面处理类型	优　点	缺　点
电镀	防腐性能好	耐磨性较差、使用寿命短
扩散渗透处理技术	自润滑、高耐磨、无走熟期、长寿命	易锈蚀
化学复合镀	自润滑、高耐磨、无走熟期、长寿命、耐腐蚀性好	微粒应严格控制

第六章

钢领钢丝圈的选配

钢领是选配钢丝圈的基础，正确选配钢丝圈是使用好钢领最基本的工作。只有正确选配钢领钢丝圈，充分发挥其性能，才能保持纱条张力稳定，减少楔住、飞圈，降低断头率，延长其使用寿命，并稳定生产。

第一节 钢领钢丝圈的选配要求

钢领、钢丝圈的选配要求如下：

(1)为了钢丝圈运行平稳、倾斜小，应选配质心低的钢丝圈，适当提高钢领和钢丝圈的接触位置，有利于防止钢丝圈楔住避免纱线断头；

(2)为了纱条通道宽畅、操作拎头轻，钢丝圈质心不能过低，而钢领和钢丝圈的接触位置不能过高，以防止钢丝圈通道交叉割断头或纱条轧断头；

(3)为了发热量小、散热性能好、温升小、飞圈少，应采用张力比 K 值小、散热面积大的瓦楞形和弓形截面钢丝圈；同时，采用倾斜小、接触位置高、内脚长和质心低的钢丝圈；

(4)抗楔性能好、起动阻力小、走熟期短；

(5)要使钢丝圈耐磨性能好，使用寿命延长，应选用材质优良、热处理工艺佳，表面处理佳和接触面积大的钢丝圈。

第二节 钢领钢丝圈的选配

一、钢领的选配

平面钢领型号仅有 3 种，应根据纺纱品种、纺纱号数来选择，边宽为 4.0 mm 的 PG2 型钢领适于纺 32 tex 以上粗号纱，边宽为 2.6 mm 的 PG1/2 型钢领适于纺 19 tex 以下细号纱，边宽为 3.2 mm 的 PG1 型钢领适于纺 16～29 tex 的中、细号纱。

二、钢丝圈的选配

1. 钢丝圈型号的选配

每种钢领都有相配用的钢丝圈型号，生产中须根据纺纱品种、号数的实际情况选配，见表6.1。

表6.1　常用钢领与钢丝圈类型选配对应表

钢领型号	配用的钢丝圈型号
PG1/2	OSS,RSS,W261,UM,ES,等
PG1	GS,6802,6903,FO,FU,BU,W321,2.5W,772,PG12,EW,EM,MM,UM,SEM,EL 等
PG2	G,O,GO,等

根据纺纱品种、号数的特点，正确地设计、选配钢丝圈型号(圈形尺寸和截面形状)，对于粗、中号棉纱，钢丝圈设计应以约束气圈能力和大纱条通道为基本条件，适当的小圈形，以采用矩形脚瓦楞背组合为好；对于细号棉纱，应着眼于张力小而稳、突变张力小而少，钢丝圈设计应以小圈形、低质心、抗楔性能好为主，兼顾纱条通道，选用弓背形、瓦楞形截面比较适宜；对于化学纤维的纯纺或混纺，钢丝圈设计应着重通道滑爽、抗楔性能好、发热量少而散热性能好，选用圆弧形截面(弓背形、瓦楞形)，可提高其线速度。

图6.1所示为重庆金猫纺织器材有限公司为适应纺纯棉和化纤品种而设计的“OSS”型17/0－31/0钢丝圈。其特点是钢丝圈采用异形截面，圈背及纱条通道弧部分为圆形截面，以减小与纱条的摩擦因数，降低张力比 K 值；而与钢领接触弧部分采用矩形截面，运行平稳、发热小且散热好。这种不同宽厚比、不同曲率半径的异形截面钢丝圈，可根据其各部位不同要求较好地发挥作用。

2. 钢丝圈号数的选配

平面钢领相配的钢丝圈按圈形可分为C形、椭圆形和矩形等。钢丝圈号数表示1000个同型号钢丝圈的公称质量的克数值，其选配主要根据气圈形态，即在确定的细纱机卷绕截面尺寸下，尽可能维持一落纱全过程中气圈形态正常，气圈底角、顶角变化幅度小，稳定性好，无气圈张力过大或过小抖动问题，以减少纱线断头。通常钢丝圈号数的具体选配，是由卷装大小、钢领的新旧状况、纺纱品种、号数以及温湿度变化等因素决定的。

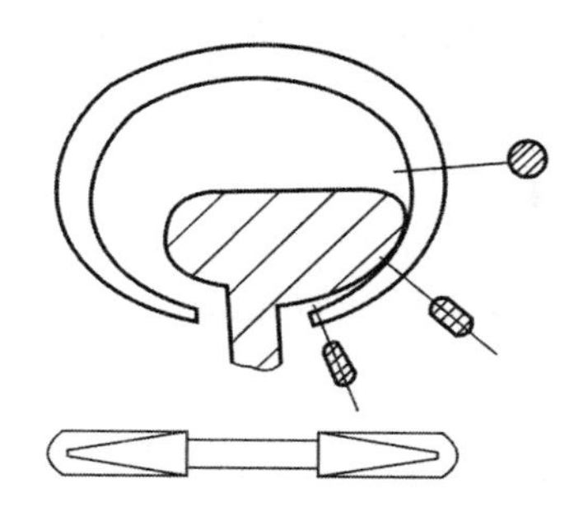

图 6.1　重庆金猫纺织器材有限公司“OSS”型钢丝圈

(1)纱管长，钢领板升降动程大，小纱气圈长，气圈离心力大，气圈凸形大，则钢丝圈号数应加大 1～2 个号，使其产生的气圈张力相应增大，并和气圈离心力相平衡，以维持正常的气圈形态。

(2)钢领直径大，气圈张力较大，气圈凸形偏瘦，则钢丝圈号数应减小 1～2 个号，以降低气圈张力，维持正常的气圈形态。

(3)新钢领上车，一般选用小 1～2 个号的钢丝圈，待钢领走熟后，适当加大钢丝圈号数。钢领由新到旧，表面状态、高速性能逐渐衰退，表现在表面摩擦因数减小和不稳定，气圈张力相应减小，导致气圈凸形变大而不稳定。为了维持正常的气圈形态，应随着钢领衰退的进程，逐渐加大钢丝圈号数，以弥补因摩擦因数减小引起的气圈张力减小和气圈凸形增大。

(4)粗号纱气圈凸形大，钢丝圈号数应加大，有利于控制、稳定气圈形态；而细号纱选配的钢丝圈应偏小号掌握，有利于缓和纱条张力和强力矛盾。

(5)化纤纯纺和混纺纱，因张力比 K 值大、纱条弹性好、易产生小辫子纱，钢丝圈应偏小号掌握。

(6)相对湿度大，气圈段纱条质量增大、气圈离心力增大、气圈凸形大，钢丝圈号数应加大，气圈张力相应增大，和气圈离心力相平衡，以维持正常的气圈形态。生产上遇夏季黄梅天，钢丝圈应偏大号掌握；冬季气候干燥时，钢丝圈应偏小号掌握。

生产实践中总结出“三看二试一听”的选用钢丝圈的方法：三看即看气圈形态及其稳定性，看钢丝圈的纱条通道，看钢丝圈磨损位置、程度及回火颜色；二试即手感接头张力和一落纱断头分布；一听即听取挡车工和落纱工反映。

第三节 国内钢领钢丝圈的选配示例

一、平面钢领与钢丝圈选配

平面钢领与钢丝圈选配及其适纺纤维示例见表 6.2。

表 6.2 平面钢领与钢丝圈选配及其适纺纤维示例

钢领		钢丝圈		适纺品种	适纺纱线密度/tex
型号	边宽/mm	型号	线速度/(m·s^{-1})		
PG1/2	2.6	CO	36	棉纱	18～32
		OSS	36	棉纱	3.8～19.4
		RSS,OSS	38	棉纱;涤/棉纱	9.7～19.4
		W261,WSS	38	棉纱;涤/棉纱	9.7～19.4
		2.6Elf,UM	40	棉纱;涤/棉纱	≤15
PG1	3.2	6903,6802	37	棉纱	19.4～48.6
		2.5W,6802U	38	涤/棉纱;混纺纱	13.0～32.4
		2.5W,B6802	38	混纺纱	13～29
		6903,772	38	中、细特棉纱	7.3～14.6
		FO,EW,EM	36	棉纱	18.2～41.6
		BFO,EW,EM	37	棉纱;混纺纱	13～29
		W321,772,EM	38	棉纱;混纺纱	13～29
		FU,BU,SEM	38	棉纱	13～29
		BK,EM,SEM	32	腈纶纱	
PG2	4.0	G,GO,W401	32	棉纱	≥32

二、锥面钢领与钢丝圈选配

锥面钢领与钢丝圈选配示例见表 6.3。

表 6.3 锥面钢领与钢丝圈选配示例

钢领		钢丝圈		适纺品种	适纺纱线密度/tex
型号	边宽/mm	型号	线速度/$(m \cdot s^{-1})$		
BC6 BC7	3.1	BC6	38～40	混纺,化纤	
		BSBC6d	40～44	涤/棉纱,化纤	13.0～14.6
		BSBC6d		棉纱,化纤	14～18
		BC6W		涤/棉纱,化纤	13～196
BC9	2.5	BC9	40	混纺,化纤	28～39

三、钢丝圈号数选用要点

1. 选用规律

在纺相同线密度纱时,纺化纤纱、混纺纱用钢丝圈与纺纯棉纱相比,钢丝圈选用应遵循下述规律。

(1)涤纶纯纺用钢丝圈应比纺纯棉纱大 4～8 号;涤/棉混纺用钢丝圈应加大 2～3 号;涤/粘混纺用钢丝圈应加大 3～4 号。

(2)维纶纯纺用和维/棉混纺用钢丝圈应偏大掌握约 1 号。

(3)腈纶纯纺用钢丝圈应偏大掌握约 2 号。

(4)锦纶纯纺用和锦/棉混纺用钢丝圈应偏大掌握约 1 号。

(5)氯纶纯纺、混纺时,钢领易生锈,宜在其表面涂一层薄清漆,且钢丝圈号数应减小 2 号。

(6)丙纶纯纺应采用大通道钢丝圈。

(7)粘纤纯纺用钢丝圈应加大 1～3 号;粘/棉混纺用钢丝圈应加大 1～2 号;粘/腈混纺用钢丝圈可参照相同线密度粘纤纯纺纱选用;粘纤与强力醋酯纤维混纺时,钢丝圈应比相同线密度粘纤纱加大 2～3 号;锦/粘混纺用钢丝圈应比相同线密度粘纤纱加大 1～2 号;涤、粘、强力醋酯纤维混纺用钢丝圈应比相同线密度粘纤纱加大 2～3 号。

(8)纺中长化纤用钢丝圈应比相同线密度棉型化纤纱加大 2～3 号,比纯棉纱加大 6～8 号。

2. 选用要点

钢丝圈号数选用要点见表 6.4。

表 6.4　钢丝圈号数选用要点

纺纱条件变化因素	钢领走熟	钢领衰退	钢领直径变小	钢领板升降动程增大	单纱强力增高
钢丝圈号数	加大	加大	可偏大	加大	可偏大

钢领、钢丝圈配套使用示例见表 6.5。

表 6.5　钢领钢丝圈配套使用示例

<table>
<tr><th>纱线品种/tex</th><th>钢领型号</th><th>钢丝圈型号</th><th>锭子转速/(kr·min⁻¹)</th><th>钢丝圈线速度/(m·s⁻¹)</th></tr>
<tr><td>97.3</td><td>PG2-45</td><td>G-23.99(14)～29.8(18)</td><td>8～11</td><td>18～24</td></tr>
<tr><td>58.3</td><td>PG2-45</td><td>G-11.34(7)～(10/0)</td><td>10～14</td><td>24～32</td></tr>
<tr><td rowspan="2">29.2～24.3</td><td>PG1-42</td><td>6903-53(2/0)～42(5/0)</td><td rowspan="2">16.0～17.5</td><td rowspan="2">33.0～38.5</td></tr>
<tr><td>ZM20-42</td><td>ZBE-50(3/0)～40(6/0)</td></tr>
<tr><td rowspan="2">21.0～18.5</td><td>PG1/2,38～42</td><td>CO,RSS-40(3/0)～30(6/0)</td><td rowspan="2">16～19</td><td rowspan="2">32～40</td></tr>
<tr><td>ZM6,38～42</td><td>ZB-8—35.5(8/0)～60(1/0)</td></tr>
<tr><td rowspan="2">14.6～13.9</td><td>PG1/2,38～42</td><td>CO,RSS-26.5(8/0)～21.2(11/0)</td><td rowspan="2">16.5～20.0</td><td rowspan="2">33～40</td></tr>
<tr><td>ZM6,38～42</td><td>ZB-8-26.5(13/0)～21.2(16/0)</td></tr>
<tr><td rowspan="2">T/C 13</td><td>PG1-42</td><td>BU-33.5(9/0)～30(11/0)</td><td rowspan="2">16～18</td><td rowspan="2">33～40</td></tr>
<tr><td>ZM6-42</td><td>ZB1-33.5(9/0)～26.5(13/0)</td></tr>
<tr><td>9.7</td><td>PG1/2-38</td><td>RSS-20(12/0)～15(15/0)</td><td>16.5～18.5</td><td>33～40</td></tr>
</table>

第七章

集聚纺对钢领钢丝圈的特殊要求

集聚纺纱(condensed spinning)俗称“紧密纺纱”(compact spinning),是20世纪90年代出现的环锭纺纱创新技术。该技术为传统环锭纺纱技术增添强劲的活力,确保环锭纺纱技术在未来市场上继续保持优势地位。

集聚纺纱技术是在环锭纺纱机的前罗拉弱捻区增设集聚区,对输出的须条进行集聚而实现的,其对纱线品质的显著改善可以概括为洁而强。即纱线光洁毛羽少,特别是长毛羽数大幅度减少;纱线断裂强度提高、强力变异减小,生产过程断头减少。

第一节　集聚纺用钢领钢丝圈的工况特点

在环锭纺纱过程中,毛羽、棉蜡及其他微粒经由钢丝圈时会被不断地从纱体表面刮下,挤压在钢领与钢丝圈的接触面上逐渐形成一层纤维润滑膜,避免钢领与钢丝圈处于干摩擦状态。在常速运行状态下,钢领与钢丝圈能长效运行归功于这层纤维润滑膜。集聚纺超低的毛羽导致钢领和钢丝圈间动摩擦的润滑不足,使钢领与钢丝圈处于干摩擦状态,不利于钢丝圈在钢领上高速运行,也加速了钢丝圈的磨损,缩短了钢领的使用寿命,这是集聚纺高速化的主要障碍;因此,集聚纺对钢领和钢丝圈提出更高的特殊要求。

第二节　集聚纺用钢领钢丝圈的技术要求及进步

因集聚纺的纺纱特性,纤维束对钢领钢丝圈系统的润滑减少,从而导致钢领与钢丝圈在高速运行时的润滑状态较差。这就对钢领、钢丝圈在高速摩擦运转、纱线加捻过程提出更高的要求。

1. 钢领的技术要求

集聚纺纱时，纱线的低润滑性导致钢丝圈在钢领跑道回转时产生较大的摩擦力，导致钢丝圈与领钢的接触部位产生300 ℃以上的高温，加快钢领、钢丝圈的磨损与衰退。这就要求集聚纺用钢领较普通钢领应有更好的表面粗糙度及耐磨性，以延长钢领的使用寿命，避免因钢领的衰退而导致钢丝圈运行不稳定，纱线张力波动和纱线质量降低；因此，集聚纺纱用钢领宜选用切削加工性能较好的GCr15钢，采用耐磨性能较好的铬进行表面电镀处理，内外跑道圆度公差为0.01 mm的高精密轴承钢钢领。

2. 钢丝圈的技术进步

考虑到集聚纺纱不同于普通环锭纺纱，钢领、钢丝圈的摩擦阻力差异较大，应通过选用合适的材质、圈型、横截面形状、表面处理方式等，以最大限度地延缓钢丝圈磨损，减小钢丝圈磨损对纱线质量的影响。钢丝圈宜选用热处理后金相组织较为均匀的国产优质高碳合金钢或进口优质合金钢材制造。圈型宜质心较低、纱线通道相对较大，以保证干摩擦状态下钢丝圈高速运转的平稳性，减少纱线断头；钢丝圈横截面形状宜采用弓形以增大与钢领的接触面积，减小摩擦及加快钢丝圈散热。钢丝圈表面则可选用自润滑性较好的扩散处理或复合镀处理，以达到尽量减少热磨损，延长钢丝圈使用寿命的目的。国内外大量中高端客户纺纱实践证明，国产的“猫牌”BS JM1 EL gc，BS JM1 EL fc，BS JM1 SEM gc，BS JM1 SEM fc，TP JM1 EL gc，TP JM1 EL fc，RF JM1 EL gc，RF JM1 EL fc，BS JM1/2 ES gc，BS JM1/2 ES fc，BS JM1/2 UM gc，BS JM1/2 UM fc，等系列钢丝圈，可用于要求较高的集聚纺纱上。

第八章

重庆金猫纺织器材有限公司的钢领钢丝圈

随着中国纺织工业联合会钢领钢丝圈技术研发中心落户重庆金猫纺织器材有限公司，公司在原材料、加工设备及表面处理技术方面不断加大研发投入，钢领钢丝圈的品种增多，整体性能得到质的飞跃，适应各类型纺纱需要。其中，FH型复合镀钢领、JD型高精密电镀钢领、GHJ黑金刚处理、BS（蓝宝石）钢丝圈、TP（黄晶）钢丝圈和RF黑金钢丝圈，先后获得国家发明专利和实用新型专利。

第一节　钢　领

一、高耐磨钢领研制要求

1. 量化指标

（1）表面粗糙度 Ra 值不大于 0.02 μm；

（2）圆度、平行度、平面度公差为 0.01 mm；

（3）基体硬度极差不大于 20 HV0.2；

（4）使用寿命不少于 5 年；

（5）走熟期极短；

（6）满足高速 18 kr/min 细号各种纤维的纺纱要求。

2. 材料

（1）采用 GCr15 轴承钢；

（2）优质铝合金材料。

3. 加工设备

（1）高精度数控车床：效率高、尺寸精度高、表面粗糙度好；

(2)高精度数控研磨机:顶、底平面的平行度公差为 0.01 mm;

(3)进口淬回火一体电炉:温差不大于 5 ℃、硬度极差为 20 HV0.1、金相组织为 M1～M2;

(4)高精度内外圆数控磨床:内跑道圆度公差为 0.01 mm。

4. 表面处理方式

(1)FH 复合表面处理:复合化学镀处理;

(2)JD 精密电镀处理:脉冲电镀处理;

(3)GHJ 黑金刚处理:特殊渗透处理 1;

(4)TC 陶瓷化处理:特殊渗透处理 2。

5. 性能及特点

高耐磨钢领性能及特点见表 8.1。

表 8.1　高耐磨钢领性能及特点

钢领类型	技术指标、性能	纺纱使用性能
FH－MHg	① 组织细小,均匀,M2; ② 镀层厚度为 0.015 mm～0.020 mm; ③ 硬度为 82 HRA～83 HRA	① 走熟期极短; ② 使用寿命不少于 2 a～3 a
JD－MHg	① 组织细小,均匀,M2; ② 镀层厚度不小于 0.01 mm; ③ 硬度为 82 HRA～83 HRA	① 走熟期极短; ② 使用寿命不少于 3 a～5 a
GHJ－MHg	① 组织细小,均匀,M1～M2; ② 硬化层厚度为 0.20 mm～0.30 mm; ③ 硬度为 83 HRA～84 HRA	① 走熟期极短; ② 使用寿命不少于 5 a～8 a
TC	① 硬化层厚度为 0.04 mm～0.05 mm; ② 硬度不小于 1200 HV0.1	① 走熟期极短; ② 使用寿命不少于 6 a～8 a

二、金猫钢领类型

1. 用 20 钢制造的平面钢领和锥面钢领

平面钢领型号有 PG1－3854,PG1－4054,PG1－4254,PG1－4554;PG1/2－3254,PG1/2－3554,PG1/2－3854,PG1/2－4254。

锥面钢领型号有 BC7－3854，BC7－4054，BC7－4254，BC7－4554；BC6－3854，BC6－4054，BC6－4254，BC6－4554。

2. 用 20CrMnTi 合金钢制造的平面钢领和锥面钢领

平面钢领型号有 PG1－3854Ha，PG1－4054Ha，PG1－4254Ha，PG1－4554Ha；PG1/2－3254Ha，PG1/2－3554Ha，PG1/2－3854Ha，PG1/2－4254Ha。

锥面钢领型号有 BC7－3854Ha，BC7－4054Ha，BC7－4254Ha，BC7－4554Ha；BC6－3854Ha，BC6－4054Ha，BC6－4254Ha，BC6－4554Ha。

3. 用 GCr15 轴承钢制造的平面钢领和锥面钢领

平面钢领型号有 PG1－3854CHg，PG1－4054CHg，PG1－4254CHg，PG1－4554CHg；PG1/2－3254CHg，PG1/2－3554CHg，PG1/2－3854CHg，PG1/2－4254CHg。

锥面钢领型号有 BC7－3854CHg，BC7－4054CHg，BC7－4254CHg，BC7－4554CHg；BC6－3854CHg，BC6－4054CHg，BC6－4254CHg，BC6－4554CHg。

4. 用 GCr15 轴承钢制造的高精密复合镀钢领

平面钢领型号有 FHPG1－3854MHg，FHPG1－4054MHg，FHPG1－4254MHg，FHPG1－4554 MHg；FHPG1/2－3254 MHg，FHPG1/2－3554 MHg，FHPG1/2－3854 MHg，FHPG1/2－4254 MHg。

5. 用 GCr15 轴承钢制造的高精密电镀钢领

平面钢领型号有 JDPG1－3854MHg，JDPG1－4054MHg，JDPG1－4254MHg，JDPG1－4554MHg；JDPG1/2－3254MHg，JDPG1/2－3554MHg，JDPG1/2－3854 MHg，JDPG1/2－4254MHg。

第二节　钢丝圈

一、高耐磨钢丝圈研制

1. 要求

钢丝圈是纺纱器材中，既要求几何尺寸精度和形位公差，又要求单只质量一致的产品。其制造难度大，技术含量高，因此，必须采用先进的设备，严格控制片材尺寸及钢丝圈制造精度。钢丝圈不再是低值易耗品，而是高科技产品。

(1)单只质量偏差为±2%；

(2)尺寸偏差为±0.10 mm，长短脚、高矮脚、错脚尺寸偏差为±0.05 mm；

(3)硬度极差为 20 HV0.2，金相组织为 M1～M2；

(4)单只使用寿命不少于 15 d；

(5)走熟期极短；

(6)满足锭速 18 kr/min 细号各种纤维的纺纱要求；

(7)达到或超越国外同类产品水平。

2. 原材料

以进口的优质高碳合金材料保证经热处理后钢丝圈的金相组织和硬度要求，从而保证其优良的机械性能和纺纱性能。

(1)优质合金钢：BSb 系；

(2)优质高碳合金钢：BSd 系；

(3)优质高碳合金钢：BSc 系、TPc 系、RFc 系。

3. 加工设备

对片材、成型、热处理、抛光、表面处理等工序的生产设备进行了改造和流程再造，选用了节能减排的高新技术数控装备。

(1)制片用高精度轧机：效率高、尺寸精度高、质量偏差小；

(2)真空罩式退火炉：片材光亮、硬度极差为 10 HV0.2、细小均匀球状 P3；

(3)用高精度成型机：尺寸一致、稳定、可靠；

(4)进口淬回火一体炉：温差不大于 5 ℃，金相组织为 M1～M2，硬度极差为 20 HV0.2；

(5)德国进口抛光机：表面粗糙度 Ra 值为 0.02 μm。

4. 表面处理技术

(1)BS(蓝宝石)表面处理：扩散渗透处理；

(2)TP(黄晶)表面处理：复合化学镀处理；

(3)RF(自润滑复合)表面处理：纳米电镀处理。

5. 性能及特点

高耐磨钢丝圈性能及特点见表 8.2。

表 8.2　高耐磨钢丝圈性能及特点

钢丝圈类型	技术性能、指标	纺纱性能
BSc（蓝宝石）	① 组织细小，均匀，M2； ② 硬度为 620 HV0.2～640 HV0.2； ③ 较好的耐磨性和自润滑性	① 走熟期极短； ② 断头、有害毛羽减少 10%以上； ③ 使用寿命不少于 10 d； ④ 使用锭速为 15～18 kr/min； ⑤ 适应各种纤维的纺纱
TPc（黄晶）	① 组织细小，均匀，M2； ② 硬度为 620 HV0.2～640 HV0.2； ③ 良好的耐磨性和自润滑性	① 走熟期极短； ② 断头、有害毛羽减少 10%； ③ 使用寿命不少于 15 d； ④ 使用锭速为 17～19 kr/min； ⑤ 适应各种纤维的纺纱
RFc（自润滑复合）	① 组织细小，均匀，M1～M2； ② 硬度 620 HV0.2～640 HV0.2； ③ 优良的耐磨性和自润滑性	① 走熟期极短； ② 断头、有害毛羽减少 10%以上； ③ 使用寿命不少于 15 d； ④ 使用锭速为 18～20 kr/min； ⑤ 适应各种纤维的纺纱

二、高耐磨钢丝圈的型号规格

(1)BS 蓝宝石钢丝圈为 BSJM1/2 ES 1/0～30/0，BSJM1/2 UM 1/0～30/0，BSJM1/2 SS 1/0～30/0，BSJM1 EL 1/0～30/0，BSJM1 SEM 1/0～15/0，BSJM1 EW1/0～21/0，BSJM1 EM 1/0～15/0；BSJM1 MM 1～12，BSJM1 UM 1～10。

(2)TP 黄晶钢丝圈为 TPJM1/2 ES 1/0～30/0，TPJM UM 1/2 1/0～30/0，TPJM1/2 SS1/0～30/0，TPJM1 EL 1/0～30/0，TPJM1SEM 1/0～15/0，TPJM1 EW 1/0～21/0，TPJM1 EM 1/0～15/0；TPJM1 MM 1～12，TPJM1 UM 1～10。

(3)RF 黑金钢丝圈为 RFJM1/2ES 1/0～30/0，RFJM1/2UM 1/0～30/0，RFJM1/2SS 1/0～30/0，RFJM1EL 1/0～30/0，RFJM1SEM 1/0～15/0，RFJM1EW 1/0～21/0，RFJM1EM 1/0～15/0；RFJM1MM 1～12，RFJM1UM 1～10。

第三节　钢领钢丝圈的选配

一、按纺纱号数选配

1. 纺特细号纱或细号纱

选用PG1/2型钢领(边宽为2.6 mm),配相应钢丝圈型号为OSS,RSS,W261,BSJM1/2 UM gc,BSJM1/2 ES gc,BSJM1/2 SS gc等。

2. 纺细号纱或中号纱

用PG1型钢领(边宽为3.2 mm),配相应的钢丝圈型号,如BS6903b,FO,BSJM1 EM gc,BSJM1 EL gc,BSJM1 EW fc等。

3. 纺粗号纱

用PG2型钢领(边宽为4.0 mm),配相应的钢丝圈型号,如BSGb,BSGOb等。另外,选用下支承锥面钢领,则必须配用相应的锥面钢丝圈。

二、按纤维种类选配

1. 纺纯棉或仿棉型纤维

(1)纺粗号纱线。线密度为36.44 tex以下的纱线,可选用复合表面镀或表面镀铬PG2型钢领,配润滑效果良好的镀覆处理钢丝圈或耐磨性、散热性俱佳的蓝宝石钢丝圈。

(2)纺中、细号纱线。线密度为36.44 tex~5.83 tex的纱线,可选用经表面镀铬处理或硬质氧化处理的合金和高精密轴承钢PG1型钢领,配蓝宝石或黄晶钢丝圈。

(3)纺细号或特细号纱线。线密度为9.72 tex~1.77 tex的纱线,可选用经表面镀铬处理的高精密轴承钢钢领或高耐磨精密轴承钢钢领,配蓝宝石或黄晶钢丝圈。

需要指出的是,纺棉型纤维如对钢领走熟期有特殊要求,可选用复合特殊表面镀钢领配黄晶系列钢丝圈,以缩短走熟期。

2. 纺差别化纤维或再生纤维

采用合金钢平面钢领或轴承钢平面钢领,配用蓝宝石钢丝圈或黄晶钢丝圈为主。

3. 纺纯化纤或化纤比例大的混纺纱

选用表面镀铬的BC6型锥面钢领，可配蓝宝石BC6d型钢丝圈；纺细号纱或中号纱的各种纤维纱线，可选用BC9型钢领并配相对应的BC9型钢丝圈。

第四节 高耐磨钢领钢丝圈的选配及纺纱案例

一、常用选配方案推荐

高耐磨钢领钢丝圈选配及适纺纱线类型见表8.3。

表8.3 高耐磨钢领钢丝圈选配及适纺纱线性能及特点

钢领类型	适配钢丝圈型号	适纺纱线
BC型轴承钢钢领	BCd(BC6,BC9)	化纤，粘胶，混纺，绢纺
FH复合镀钢领	BSJMc，TPJMc，RF JMc	纯棉，混纺，包芯纱
JD精密电镀钢领	BSJMc，TP JMc，RF JMc	纯棉，混纺，化纤，粘胶，包芯纱，色纺纱纤维
GHJ黑金刚钢领	BSJMc，TP JMc，RFJMc	纯棉，混纺，化纤，粘胶，包芯纱，色纺纱纤维
TC陶瓷钢领	BSJMc，TPJMc，RFJMc	纯棉，混纺，化纤，粘胶，包芯纱，色纺纱纤维

二、纺纱案例

1. 案例1

纺CJ 1.94 tex纱用BSJM1/2 SS 31/0～33/0钢丝圈配FHPG1/2－3254MHg钢领，填补国内外空白。该型钢丝圈是目前国际上最小规格的钢丝圈，用于纺制世界上最细号纱——C 1.94 tex纱。

2. 案例2

纺8.33 tex纯棉紧密纱，安徽某知名纺织企业实现锭速为18 kr/min的高速纺纱，用TPJM1 13/0钢丝圈配JDPG1－3854MHg钢领，上机无走熟期，毛羽、条干控制好，钢丝圈使用寿命为15 d。

3. 案例3

纺CJ 11.66 tex纱，山东某知名纺织企业锭速为17.5 kr/min，用RFJM1

9/0 钢丝圈配 JDPG1－3854MHg 钢领，钢丝圈使用周期达到 15 d，纱线的毛羽、棉结、条干、瞬时断头符合规定的指标。

年产 30 万盒高精密、高性能钢丝圈，400 万只高精密、高性能钢领技术改造项目的实施，使重庆金猫的装备技术和综合实力达到名副其实的国内领先、国际一流的先进水平。钢领、钢丝圈技术的五大要素为截面几何形状、制造精度、材质、热处理工艺和表面处理技术，与国外相比，国产钢领、钢丝圈的技术已处于相同水平。通过精密制造、精准配合，国内研发的新型钢丝圈、钢领产品，在高速纺纱条件下运行平稳、耐磨性好、使用寿命长。国内 400 多家大中型高端纺织企业使用效果表明：重庆金猫纺织器材有限公司研制的高速、高耐磨的钢丝圈、钢领，已能够满足集聚纺纱、赛络纺纱、包芯纺纱、色纺纱等新型纺纱技术和 18 kr/min 以上锭速纺纱需要。其性价比优势显著，完全可以替代进口钢领和钢丝圈。

第九章

国内外钢领钢丝圈的差距和发展趋势

第一节　国外钢领钢丝圈发展概述

国外环锭细纱机高速化进程推动着钢领、钢丝圈技术的进步，在钢领、钢丝圈制造精度、材质、热处理、表面处理及其配合方面都有一定的特点和实效，如出现了耐磨、使用寿命长、散热性能好、抗楔性好的新型高速钢领、钢丝圈。制造钢领、钢丝圈的国外知名企业，有瑞士布雷克(Bräcker)公司、德国雷纳福斯特(Reiners＋Fürst GmbH u.Co.KG)公司、美国卡特远东(A.B.CARTER，INC.)有限公司、日本金井(KNNAI)公司、印度拉丝美钢丝圈(Lakshmi Ring Travellers (CBE)Limited)有限公司。对比国外知名企业，国内外钢领、钢丝圈的水平是有一定差距的，首先是国外钢领制造公司都同时制造相配套的钢丝圈，很好地解决纺纱生产中钢丝圈与钢领的配套问题；而国内由于历史原因，人为地把钢领划为纺纱专件，钢丝圈则划为纺纱器材；制造钢领的企业一般不制造钢丝圈，钢丝圈企业不制造钢领，钢丝圈与钢领配套的不同步使各自产品的性能受到一定影响。

最有代表性且技术最先进当为布雷克公司，公司专业制造钢领、钢丝圈。其制造的平面钢领型号有 TiTan，Carat，Tbermo，Nora，并制造高速钢领配套的钢丝圈。两者的配套使用可进一步降低细纱断头，钢领使用寿命不少于 10 a。布雷克公司制造的钢领、钢丝圈型号规格多，可满足纺纱品种、号数及锭速配套使用。表 9.1 列出了布雷克公司新型钢领和钢丝圈的代表性产品，其中 ORBIT 和 SU 锥面钢领和钢丝圈尤其适合应用在质量要求较高的中细特精梳棉纱、混纺纱、涤纶纱、包芯纱和紧密纱的生产。

表 9.1　布雷克公司产新型钢领钢丝圈

类　型	平面钢领	锥面钢领
品　种	泰腾、斯坦拉图、卡勒、梭摩	ORBIT,SU(适合各种化纤)
型　号	F1-1,F1-2	SFB2.8
边宽/mm	3.2,4.0	2.8
高度/mm	8,10	8
直径系列/mm	36,38,40,42,45,48	38,40,42,45
底径尺寸/mm	51,54,56	51,54
表面处理	泰腾(1 100～1 200)HV+特殊合金镀层 梭摩(650～800)HV 高温化学处理	ORBIT(1 100～1 200)HV+特殊合金镀层 SU(650～800)HV 高温化学处理
材　料	100Cr6 钢	
适纺纤维种类及纱线线密度	98.4 tex～9.8 tex 纯棉、混纺纱、包芯纱等; 9.8 tex～5.6 tex 纯棉、混纺纱及紧密纱等	19.7 tex～5.6 tex 纯棉、混纺纱、涤纶纱,包芯纱等;29.5 tex～9.8 tex 纯棉、混纺纱;9.8 tex～5.6 tex 纯棉、混纺纱及集聚纺纱
配用钢丝圈	各种不同中心高度、弧形截面的蓝宝石钢丝圈(Saphir)	SFB2.8PMSaphir,2.8RL Saphir SU-B Saphir,SU-BM Saphir
PG 钢丝圈材质	合金高碳钢,高温处理,表面氧化物(650～700)HV1	
钢丝圈截面	f 矩形,dr 半圆形,r 圆形等	
钢丝圈最高线速度/($m \cdot s^{-1}$)	40	45
钢领寿命	进口普通钢领的 3 倍	
钢丝圈走熟	①粗于 9.8 tex 纯棉,混纺纱无须降速,无需走熟期; ②细于 9.8 tex 及集聚纺纱降速 10%,约换 5 次钢丝圈	新钢领用少量油脂辅助启动,无需清除,更换钢丝圈最佳位置在 3/4 管纱全程,走熟后最合适使用时间为 200 h

第二节　国内外钢领钢丝圈的技术差距分析

一、钢领的技术差距

1. 跑道截面形状

国内外平面钢领跑道截面形状近似，但国外钢丝圈与钢领跑道接触面较大，适纺性较强，如图 9.1 所示。

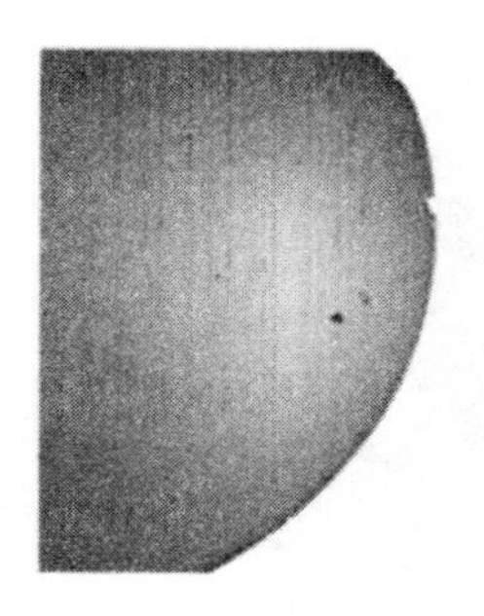

（a）国产钢领

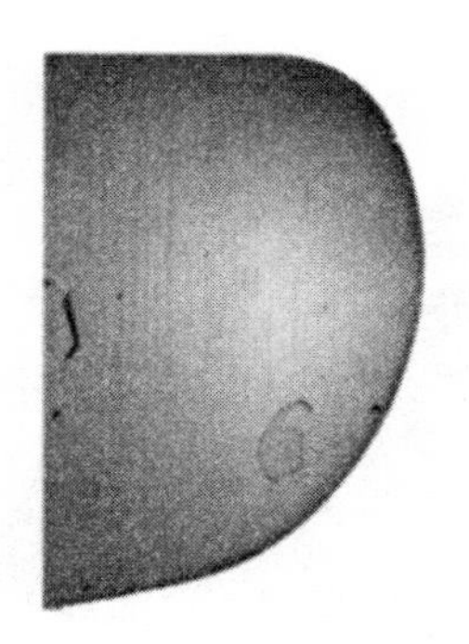

（b）国外钢领

图 9.1　钢领跑道形状

2. 材料

国外钢领主要选用 100Cr6 钢制造，其主要成分与国内钢领的 GCr15 钢基本一致，但各成分及杂质含量控制得更加精准。

3. 热处理

国产钢领淬火多采用箱式炉，较先进的企业采用盐炉。淬火、回火后的钢领金相组织中碳化物和马氏体没有国外钢领的细小、均匀，导致其耐磨性、使用寿命较短，如图 9.2 所示。

4. 表面处理

国外公司将最先进的表面处理技术应用在钢领上，使其表面光滑、摩擦因数小，其值约为 0.08～0.12，稳定性和一致性好；国产钢领的表面处理技术落后，摩擦因数较大，其值约为 0.12～0.18，且稳定性和一致性较差。

国外公司钢领多采用电镀硬铬处理，跑道的镀层厚度不小于 0.01 mm，且涂层组织均匀细腻,镀后的抛光处理较好,如图 9.3 所示。

(a) 国产钢领

(b) 国外钢领

图 9.2 轴承钢钢领金相组织

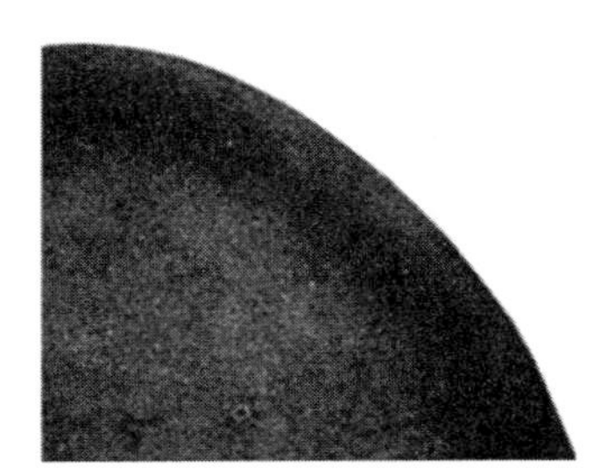

(a) 国产钢领

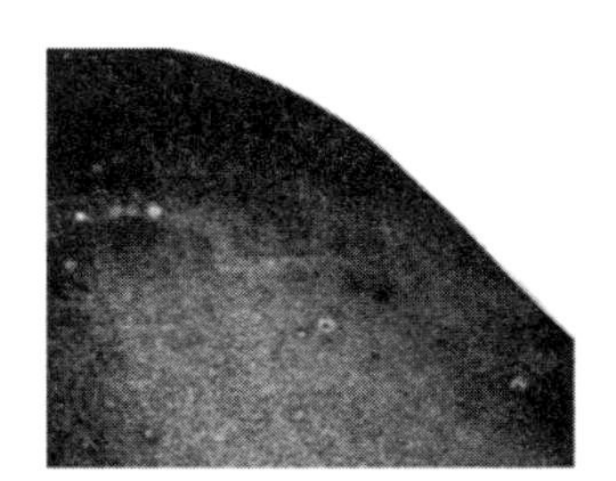

(b) 国外钢领

图 9.3 钢领跑道镀层

二、钢丝圈的技术差距

1. 圈型

国内圈型适纺性相对较差,但品种比国外要多,常用圈型有 6903,6802,FO,W321,2.5W,PG12,BC6,BC9,OSS,RSS,G,GO;国外的圈型主要有 EL,EM,SEM,UM,MM 等系列,圈型相对较少。

2. 材料

国内多采用 T9A 钢、80WV 钢,国外多选用高碳低合金钢,微量元素及杂质含量控制较好。

3. 热处理

国外钢丝圈产品金相组织中碳化物颗粒均匀、细密,其等级约为 2 级,马氏体为隐晶,硬度极差不大于 20 HV0.2,热处理变形量小,圈型尺寸稳定、开口拉伸断裂值约为 3 mm～6 mm。批次间的重复性及重现性也控制得很好。

4. 表面处理工艺

国外钢丝圈产品表面处理工艺技术先进，采用扩压渗透、特殊电镀及高分子材料加强工艺，减少了纺纱过程中的摩擦和走熟期，产品表面光滑、划痕少。

5. 纺纱性能

国外钢丝圈产品圈型及种类虽然不多；但其适纺性较强、走熟期短、成纱毛羽少，尤其是使用寿命长、生产稳定性好。

当前，国内制造钢丝圈的先进企业也先后开发出集聚纺和高速环锭纺纱用的各种中、高端钢丝圈。如重庆金猫开发的钢丝圈产品机械性能和纺纱性能已经接近国外产品水平，一些技术指标甚至超越国外产品，使钢丝圈总体差距缩小，当然还应在产品的稳定性、使用周期、一致性方面继续努力。

第三节　环锭纺用钢领钢丝圈的发展趋势展望

现代的环锭纺纱技术朝着高速、细号、高密的方向发展，纺纱企业为了提高纱线质量和生产率，对钢丝圈、钢领提出了更高的要求。

一、圈型设计

钢领、钢丝圈是一对摩擦副，应配套研发和制造。钢丝圈的圈型与钢领跑道截面形状应很好地匹配，以增大运行中钢丝圈与钢领接触面积，减少钢领、钢丝圈之间的接触压强，改善摩擦性能，以提高两者的使用寿命；同时，增强钢丝圈的散热能力，防止其因热磨损而飞脱、纱线断头，并保持纺纱过程中两者接触部位的恒温状态，减少对纱线的损伤。

二、材料选择

为满足高速和长寿命的纺纱需求，钢丝圈、钢领用钢材的选择重要性不言而喻，国内外制造钢丝圈、钢领均选择了优质合金钢。这不但能在表面涂层失效的情况下使用并发挥功能，而且还为机械加工和热处理质量提供了可靠保障。

国内多数企业选择高碳合金钢制造钢丝圈，采用轴承钢 GCr15 制造钢领已取得了积极良好的效果；国外主要选择高碳合金钢制造钢丝圈，100Cr6 钢为钢领用材；今后将会选择性能更佳的合金材料制造钢领钢丝圈，如选用铝合金钢领基材，再经陶瓷化处理。

三、加工方式

以往钢丝圈和钢领加工设备陈旧老化、尺寸精度差；现在，国内外高端制造企业的制造、检测设备都朝高精密、自动化、智能化的方向发展，如采用数控加工中心、高精密热处理设备和检测仪器、仪表使钢丝圈和钢领的尺寸精度、机械性能、纺纱性能和质量稳定性得到提高和保证，钢丝圈、钢领的现代加工正向高精度方向发展。

四、表面处理技术

钢领、钢丝圈的表面处理技术是保证产品质量的最关键措施，是提高产品技术性能最直接、最经济的手段。虽然，本书前述的几种表面处理技术对其性能都有显著的提升：高速耐磨钢领的JD精密电镀处理，FH复合表面处理和GHJ带自润滑功能的表面处理；高速耐磨钢丝圈的BS(蓝宝石)表面处理，TP(黄晶)复合表面处理和RFc带自润滑功能的表面处理新工艺技术；但要满足不断发展的环锭纺纱新技术，也要不断发展相应的新技术，开发自润滑、无走熟期、高耐磨、高速度、长寿命、成纱质量好的表面处理技术，是业界亟待研究和探讨的课题。

五、讨论

钢领、钢丝圈接触面的磨损，是制约钢丝圈高速、导致其失效的主要原因。钢领、钢丝圈的磨损形式有黏着磨损、疲劳磨损和氧化磨损。对钢领失效起决定作用的是黏着磨损和疲劳磨损，并以前期黏着磨损为主。后期则以疲劳磨损为主。针对钢领、钢丝圈系统的失效机理，可通过改善接触面的工作状况和提高系统自身的抗磨损能力两种途径，以提高钢领、钢丝圈的性能，延长其使用寿命。

磁悬浮钢领、钢丝圈系统：利用磁力作用使钢丝圈悬浮在空中，钢领与钢丝圈间几乎无摩擦，因此钢丝圈的线速度可大大提高。

超声波减磨钢领：利用超声振动使钢领、钢丝圈的接触面几近脱离，使基础面上的正压力急剧减小，从而减小钢领、钢丝圈接触面的摩擦力，减少磨损，延长钢领、钢丝圈的使用寿命。

该两项技术研究，国内早在20世纪六七十年代已有过尝试，由于纺纱锭子量大面广而难以严密控制且锭差大，当时未能推广；如今能否进一步完善，值得探讨。

后记

学而不思则罔，思而不学则怠

近来，总想起这句话。

诚然，近10年来，纺织业几经波折，但最终却曲径通幽，柳暗花明。这是前辈的积累，亦是年轻一辈的突破。

本书正是在大量的积累、实践、突破、思考中得来，我们结合自身的立场和观点，完美融合，积极探索，深入思考，于是，有了这本《圈·领之道》。

从宋末元初知名棉纺织家黄道婆发明纺车，数百年来在探索纺织技术进步的漫长途中，经过一代又一代人学而思，思而学的不懈努力，纺织技术不断完善。近年来，随着纺纱工艺的不断优化和纺织技术的创新发展，纺织器材及专配件在提高纺机效率，发挥纺机可靠性、先进性，提高自动化水平等方面，作用越来越突现、越来越受到行业重视。有鉴于钢领、钢丝圈作用的特殊性，配合工作之重要，我们以简明朴实的文字，从原理、配套、产品成型技术创新、表面处理技术创新及探索应用等方面，结合国外产品，以产、学、研、用相结合的思维，旨在立足实用，并丰富纺织研究和教学中的相关内容。

本书正文部分由我们分别撰写。期间，电话、邮件、面议等各种沟通、交流，都成为难忘的剪影，刻印在记忆深处。

感谢前辈，树立起榜样，让我们追赶，带我们超越。

感谢年轻一代，带着虎虎风声，催我们奋进。

感谢重庆金猫纺织器材有限公司杨崇明董事长，为了本书的出版，给予诸多关怀。

感谢东华大学汪军教授，帮助多方联系出版事宜，不计回报。

感谢《纺织器材》杂志社的白雪、侯水利、付晓艳、徐敏、鲁莉博等编辑，加班加点，做了大量的工作。

写作本书曾参阅了相关文献资料，在此，谨向其作者深表谢意。

感谢我们每个人，在纺织行业里坚守，在纺织技术中钻研，在器材专件中思考，在创新突破中探索。

谨以此书，向同仁致以崇高的敬意！

秋黎凤

2017年7月